算数嫌いな子が好きになる本

小学校6年分の
つまずきと
教え方がわかる

増補改訂版

花まる学習会
松島伸浩 著
高濱正伸 監修

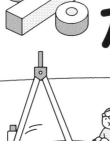

KANZEN

はじめに

つまずきの原因がわかれば解決できます

　小学校の教科の中で好きな教科も嫌いな教科も第1位は「算数」です。このように好き嫌いがはっきりとわかれる理由は、算数が積み上げの教科であるという点にあります。算数でつまずいている多くの子どもたちは、その前の段階ですでにわからなくなっています。たとえば、小数のかけ算やわり算ができない子は、その前の整数のかけ算やわり算でつまずいていたり、場合によってはくり下がりのひき算や九九でつまずいていたりします。どこかでつまずくとそこからだんだんわからなくなり、苦手意識とともにどんどん嫌いになっていくのが算数なのです。

　こうした状況に陥らないためには、まわりの大人が早い段階で気づいてあげることです。もちろん塾などに行くことも一つの方法です。しかしそうした環境にない子どもたちの中には、学校の授業にもついていけずに、なんとなくわかっているふり、わかっているつもりで毎日を過ごしてしまっている子もいるかもしれません。そうした子どもたちのために、つまずきの原因を早く見つけて解決することで、少しでも算数を好きになってもらいたい、そんな思いでこの本を書きました。

手遅れはありません。いつからでもやり直せます

　そうは言っても「うちの子はもう6年生だから間に合わないのでは」と思われる方もいるかもしれません。結論から言いますと、どの学年からでも挽回することは可能です。「勉強に早すぎることはあっても遅すぎることはない」というのが私の持論です。今日やったことは必ず明日につながります。そして何よりも、子どもには「もっとできるようになりたい、もっとわかるようになりたい」という向上心があります。行動が伴わない現実を見てきた親からしてみれば想像ができないことかもしれませんが、いつも子どもはどこかで親に認められたいと思っているも

のです。ただ、勉強においてはまわりとの比較や親の期待から「できない、わからない」と言い出せないでいることも少なくありません。「わからなければ先生に質問すればいいのに」と大人は思いますが、つまずいている子ほどそれができないのです。そもそも、何を質問すればいいのかさえわからない状態になっている場合もあります。そのような状態であっても、一つひとつ学び直していけば必ず克服できます。

　増補改訂版では、現行の学習指導要領に合わせて「統計」の単元を追加しました。「速さ」の単元も６年生から５年生に移行し、以前よりもさらにつまずきやすい単元になっています。

　まずは子どもがどこでつまずいているのか、本書を使って確認してみてください。これを機会に多くの子どもたちが「算数っておもしろい！わかるって楽しい！」と思ってくれることを心より願っています。

2023年3月　　　　　　　　　　　　　　　　　松島 伸浩

本書の使い方

　本書では、小学校6年間で学習する算数のつまずきポイントを54の単元にわけて説明しています。わが子が苦手だと思い当たるところがあればその単元の問題をピックアップして、子どもに取り組ませてみてください。また、本書の「つまずきチェックをしてみましょう」（P010-011参照）など使って、苦手な単元を見つけるのもいいでしょう。

　どこでつまずいているかわからない場合は、現学年の1学年前の問題を解いてみる方法もあります。本書の問題はどれも教科書レベルの問題です。問題数も少ないので、必要であればもう１学年前の問題もやってみてください。そして、つまずいている単元が見つかったら、解説を参考にして子どもと一緒に問題を解いてみてください。

　本書の解説は、算数が苦手な子どもに教えることを前提にして、単元によっては教科書よりも丁寧な、必要な解き方だけに絞り込んだ説明（最低限必要な公式だけに絞り込み、定理や裏技といったものに頼らない、考え方を重視した説明）になっています。「家庭でできる算数力アップ法」を、P252以降に載せていますので、参考にしてください。

こんな「つまずき」 していませんか？

算数が嫌いな子は必要な手順を踏まずに解いています

式を書かず、いきなり答えを出していませんか？
計算問題で解く過程を飛ばして書いていませんか？
文章題で絵や図などを使ってイメージしていますか？…etc

　算数でつまずいている子どもたちは、基本的な知識や考え方があいまいでごちゃ混ぜになっているため、問題に手をつけることすらしなかったり、当てずっぽうなやり方で答えを出していたりします。
　また、早く終わらせたい気持ちが先走り、途中の計算を飛ばしたり必要な図示を面倒くさがって省略したりしています。こうしたことは子どもの宿題用のノートを見ればわかります。
　たとえば、低学年が苦手にしがちな「くり上がり・くり下がり」の計

「くり上がり・くり下がり」の計算でよくミスをする

✗ ココでつまずく!!　⇒ 詳しくは P024 ～参照下さい

▶問題　次の計算をしましょう。（2年生）

（2）①
$$\begin{array}{r} 2\,9 \\ +\ 3\,1 \\ \hline 5\,0 \end{array}$$
▶「9+1＝10」をくり上げず計算してしまいました

②
$$\begin{array}{r} 6\,2 \\ -\ 4\,5 \\ \hline 2\,3 \end{array}$$
▶一の位の「2−5」ができないので「5−2」とひっくり返してしまいました

「くり上がり・くり下がり」、「割合」などは、つまずきやすい項目の代表的なものです。つまずきの原因の多くは、解くために必要な知識や考え方を頭の中で整理できずに、自分に都合のいい解釈をして答えを出したり、決められた手順を勝手に飛ばしたりしている点にあります。

算で、くり上がった1を筆算に書かなかったり、高学年の難所である「割合」で、図を書かずにただ公式にあてはめようとして、比べられる量ともとにする量を逆にしたりしているのです。

　これらは「つまずき」を表す事例の一部ですが、算数の問題が解けるようになるためには、必要な知識を身につけて、解く手順をきちんと踏むことです。そうすれば、算数のつまずきのほとんどを解決することができます。もちろん、ただ単に「手順を覚えなさい」「図を書きなさい」と言うだけではできるようにはなりません。意味もわからずにやらされたことはすぐに忘れてしまうからです。ですから、つまずいている子には最初だけでも大人がちゃんとみてあげる必要があります。

　まずは、算数嫌いな子のよくある「つまずき」（P006〜009）を見て、子どもが同じようなつまずきをしていないかチェックしてみてください。

割合の比べられる量、もとにする量の区別ができない

ココでつまずく!! ➡ 詳しくは P144 〜参照下さい

▶問題

□にあてはまる数を答えましょう。（5年生）

（3）40人は200人の□％です。

$$200 \div 40 = 5$$

答え　~~5％~~

比べられる量、もとにする量、さらに百分率でも
まちがえてしまいました

算数嫌いな子のよくある「つまずき」

筆算のやり方はわかっているはずなのに答えがあわない

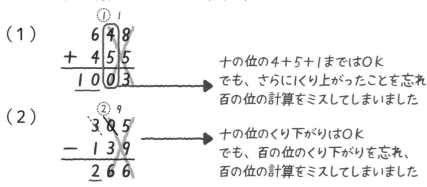

✖ ココでつまずく!! ⟹ 詳しくは P034 〜参照下さい

▶問題　次の計算をしましょう。（3年生）

（1）
```
   ①  1
  6 4 8
+ 4 5 5
───────
1 0 0 3
```
　十の位の4+5+1まではOK
　でも、さらに1くり上がったことを忘れ
　百の位の計算をミスしてしまいました

（2）
```
   ②  9
  3 0̸ 5̸
− 1 3 9
───────
  2 6 6
```
　十の位のくり下がりはOK
　でも、百の位のくり下がりを忘れ、
　百の位の計算をミスしてしまいました

いくら注意しても約分するのを忘れる

✖ ココでつまずく!! ⟹ 詳しくは P059 〜参照下さい

▶問題

（1）① $\frac{18}{24}$ を約分しましょう。（5年生）

$$\frac{18}{24} = \frac{18 \div 2}{24 \div 2} = \frac{9}{12}$$

　約分を1回で終えて
　しまいました

②0.76を分数で表しましょう。（5年生）

$$0.76 = \frac{76}{100}$$

　分数にはなおしましたが
　約分を忘れてしまいました

「くり上がり・くり下がり」「割合」以外でも、「筆算」、「約分」、「帯分数の計算」、「文章題」、「単位換算」、「速さ」、「三角形、ひし形、台形の面積」、「立体の見取り図や展開図」などつまずきやすい項目はたくさんあります。自分の子どもが似たようなまちがいをしていないか確認してみましょう。

帯分数のたし算・ひき算でつまずいている

✖ ココでつまずく‼ ⇒ 詳しくは P063～参照下さい

▶問題　次の計算をしましょう。(5年生)

$$4\frac{5}{8} + 2\frac{5}{6} = \frac{37}{8} + \frac{17}{6}$$ → ◎仮分数になおすのは OK

$$= \frac{161}{24} + \frac{68}{24}$$ → ✖通分でミスしました

$$= \frac{229}{24} = 7\frac{9}{24}$$ → ✖帯分数になおすのもミス

計算はできるのに文章題になるとできない

✖ ココでつまずく‼ ⇒ 詳しくは P096～参照下さい

▶問題　しきをつくってこたえましょう。(1年生)

(1) れいこさんがかずこさんにあめを4こあげたら
　　3このこりました。

　　れいこさんはあめをなんこもっていたでしょう。

$$4-3=1$$　　　　　こたえ ✖1こ

「のこり」や「れいこさんがあめをあげた」
という文章でひき算だと思ってしまいました
問題の中に出てきた数字の順に
ひき算をしているだけかもしれません

単位換算（かさ、面積、体積など）に苦手意識がある

✖ ココでつまずく‼ ⟹ 詳しくは P114〜参照下さい

▶ 問題

次の□に入る計算をしましょう。（2年生）

（1）② 2L6dL ＋3L7dL ＝□ L □ dL ＝□ mL

$$2L6dL ＋3L7dL$$

$$＝5L13dL$$ ⟶ 13dL がそのままで L になおっていません

$$＝5130mL$$ ⟶ 13dL は130mL ではありません

速さが嫌い。速さの単位でよくミスをする

✖ ココでつまずく‼ ⟹ 詳しくは P162〜参照下さい

▶ 問題

次の□に入る数を計算しましょう。（6年生）

（1）④時速108km ＝分速□ km

$$108km ＝108000m$$

$$108000÷60＝1800$$ 答え　1800m

↓

答えは分速□ km だから単位があっていません

三角形、ひし形、台形の面積で「÷2」を忘れる

✖ ココでつまずく‼ ⇒ 詳しくは P218 〜参照下さい

▶問題 （2）次の図形の面積を答えましょう。（5年生）

③ ひし形

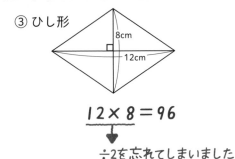

$$12 × 8 = 96$$

÷2を忘れてしまいました

答え　96cm²

立体の見取り図や展開図の問題が嫌い

✖ ココでつまずく‼ ⇒ 詳しくは P239 〜参照下さい

▶問題

（3）次の図は三角柱の見取り図と
　　 展開図です。
　　 展開図全体の面積は
　　 何 cm²ですか。
　　 （5年生）

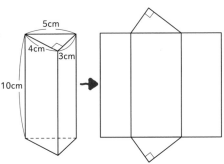

$$3 × 4 ÷ 2 = 6$$
$$10 × 3 + 10 × 4 = 70$$
$$6 + 70 = 76$$

見取り図の見えている面だけを
なんとなく計算してしまいました

答え　76cm²

「つまずき」チェックを
してみましょう

番号	こんなところでよくつまずく	ある	ない	参照頁	
1	「くり上がり・くり下がり」の計算でよくミスをする	○	×	P024〜	
2	「九九」でときどき言いまちがいをする	○	×	P028〜	
3	大きな数の計算になるとミスが増える	○	×	P031〜	
4	筆算のやり方はわかっているはずなのに答えがあわない	○	×	P034〜	
5	「3ケタ÷2ケタ」の計算をするのに時間がかかる	○	×	P043〜	
6	小数計算で小数点のうちまちがいをする	○	×	P046〜	
7	いくら注意しても約分するのを忘れる	○	×	P059〜	
8	帯分数のたし算・ひき算でつまずいている	○	×	P063〜	
9	帯分数のかけ算・わり算でつまずいている	○	×	P072〜	
10	□を使った計算（逆算）ができない	○	×	P078〜	
11	工夫してやる計算や暗算が苦手	○	×	P081〜	
12	四則混合算やかっこのある計算で計算の順序をまちがえる	○	×	P089〜	

チェック欄に「×」がついたら参照頁に進み、問題をノートに写して（コピーでも可）実際に解かせてみましょう。できていればひと安心です。できなかったら解説を使って説明してあげてください。「どうしてそうなるのか」をいっしょに考えながら解いていくと子どもの理解も深まります。

番号	こんなところでよくつまずく	ある	ない	参照頁
13	計算はできるのに文章題になるとできない	○	×	P096～
14	単位換算（かさ、面積、体積など）に苦手意識がある	○	×	P114～
15	がい数の計算、四捨五入のやり方がわかっていない	○	×	P120～
16	最大公約数、最小公倍数の求め方がごっちゃになっている	○	×	P128～
17	割合の比べられる量、もとにする量の区別ができない	○	×	P144～
18	割合の公式がごっちゃになっている	○	×	P144～
19	速さが嫌い。速さの単位でよくミスをする	○	×	P162～
20	角度の問題で思いこみをして求めてしまう	○	×	P212～
21	三角形、ひし形、台形の面積で「÷2」を忘れる	○	×	P218～
22	円の計算で半径や直径の取りちがいや計算ミスをする	○	×	P226～
23	立体の見取り図や展開図の問題が嫌い	○	×	P239～
24	角柱や円柱の体積の求め方がわかっていない	○	×	P247～

ノートの書き方で
算数の力は伸びます

「きれい」ではなく見やすいノートをつくる

　親は子どものノートを見て、つい「もっときれいに書きなさい」と言いがちです。ノートの目的は習ったことを定着させることです。人に見せるために作るものではありません。ですから、多少字が雑になっていても自分が見やすいノートであればいいのです。

　書き方の基本は文字の大きさをそろえ、あまり詰めすぎずにスペースをとって書くことです。そうすれば問題を解く過程で「どんな手順を踏んだのか」が振り返りやすくなり、もしまちがえていたとしても「どこでまちがえたのか」を見つけることができます。算数でつまずいている子の中には、式や筆算がぐちゃぐちゃになっていて、どこに何が書いてあるのか、自分でもわからない状態になっています。数字の写しまちがいや小数点のうち忘れなどにも気がつきません。できなかったことをできるようにすることが勉強の本質ですから、そういうノートではまちがいなおしも容易ではありません。

　P013に「悪いノートの例」を紹介していますが、右側のノートはもともと算数の力がある子のノートです。しかし、あちらこちらに筆算が飛んでしまい、それぞれの答えがどの計算から出てきたのか、見つけにくいノートになっています。また横式を書く習慣がないので、考えた過程を残せていません。今は正解しているからいいのですが、問題のレベルが上がってきたときに壁にあたってしまう可能性があります。

　ノートの書き方の基本を身につければ、算数の力はぐんと伸びます。P014以降にノートの書き方のポイントを載せています。ぜひ参考にしてください。

途中式や筆算、図など、解き方の過程や考え方がわかるノートをつくっていれば、問題をまちがえたとしても「どの手順を飛ばしてしまったのか」、「どこでまちがったのか」など原因を見つけて解決することができます。積みあげる勉強をするためにはノートの基本を身につけることが不可欠です。

● 良い例

✕ 悪い例

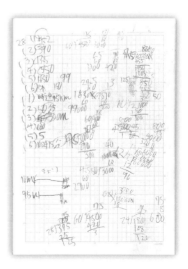

ノートの書き方を身につけましょう

(1)算数ノートの基本

日付、No.、タイトルを書く！
（見返すとき、さがしやすくするため）

左から1マスあけて、たて線をひく！
（問題番号をそろえるため）

筆算は式の右側に残してコラム化
（解きなおすときにさがしやすくする）

コラム化
…線で区切ること

1問ごとに横線で区切る！
（見やすくするため）

10/20	No.	15		小	数	の	た	し	算	・	ひ	き	算
①	①		5.	7	2	+	0.	8	6			5.	7	2
		=	6.	5	8						+	0.	8	6
												6.	5	8
	②	〈	式	〉									
			3	1.	2	-	0.	9			3	1.	2
		=	3	0.	3						-		0.	9
												3	0.	3
			A.	3	0.	3	kg						

「式→筆算→答え」（図→式→答え）の順で書いていく習慣をつける！
（ぬけ落ちのないようにするため）

スペースをとって見やすく書く！

(2)書き方のポイント

1回にぜんぶ計算できないときは何回かにわける！

〈	式	〉									
	1	0	0	0	-	(	6	0	+	3	0	)	×	8
=	1	0	0	0	-	7	2	0	
=	2	8	0	
		A.	2	8	0	円

「＝」はたてにそろえて書く！

『小学4年生までのつまずき総ざらえ 算数レスキュー隊』（岩崎書店）より

花まる学習会や花まるグループの進学部門であるスクールFCでは、4年生の授業から5mm方眼のノートを推奨しノート法の指導をしています。問題を解くためのノートは、考えながら見やすく書くことが大切です。それを意識することで頭の中も整理され、つまずきそうなところでも自分で気づけるようになります。

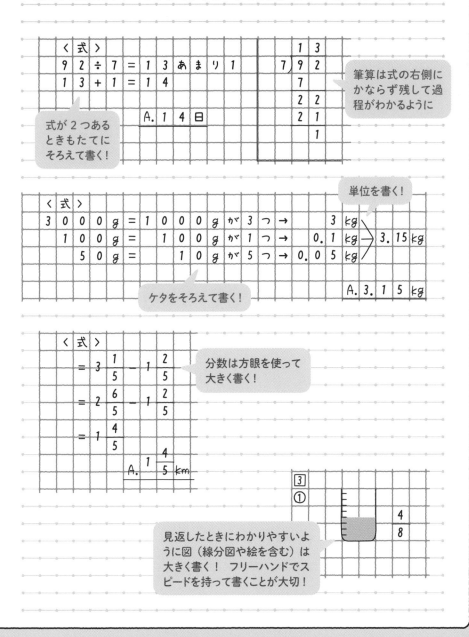

〈式〉
92 ÷ 7 = 13 あまり 1
13 + 1 = 14

A. 14 日

式が2つあるときもたてにそろえて書く！

筆算は式の右側にかならず残して過程がわかるように

単位を書く！

〈式〉
3000 g = 1000 g が 3 つ → 3 kg
100 g = 100 g が 1 つ → 0.1 kg → 3.15 kg
50 g = 10 g が 5 つ → 0.05 kg

A. 3.15 kg

ケタをそろえて書く！

〈式〉
= 3 1/5 - 1 2/5
= 2 6/5 - 1 2/5
= 1 4/5

A. 1 4/5 km

分数は方眼を使って大きく書く！

見返したときにわかりやすいように図（線分図や絵を含む）は大きく書く！ フリーハンドでスピードを持って書くことが大切！

良いノートの例

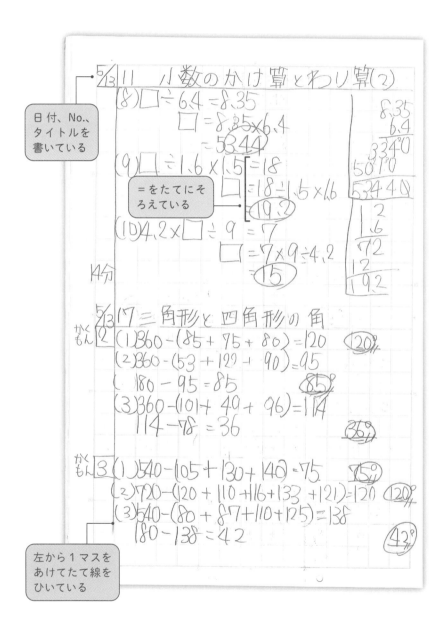

日付、No.、タイトルを書いている

= をたてにそろえている

左から1マスをあけてたて線をひいている

5/3 11　小数のかけ算とわり算(2)

016

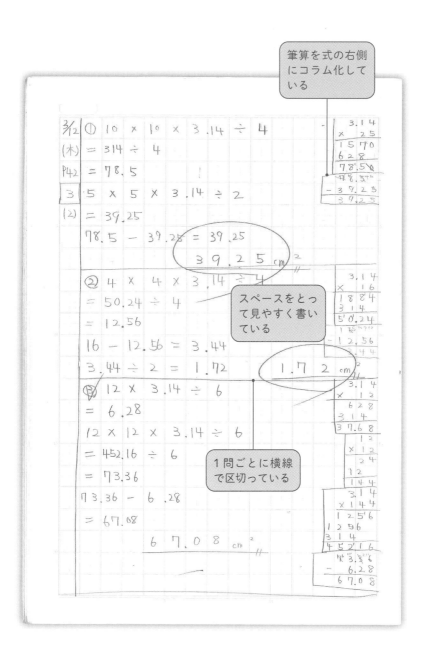

筆算を式の右側にコラム化している

スペースをとって見やすく書いている

1問ごとに横線で区切っている

第 **1** 章

整数計算

第 **2** 章

小数・分数計算

第 **3** 章

計算のきまりと工夫

第 **4** 章

文章題

第 **5** 章

時計・単位・数の性質

第 **6** 章

単位あたりの大きさ・割合・比

第 **7** 章

速さ

第 **8** 章

統計・比例と反比例・場合の数

第9章

図形

家庭でできる算数力アップ法

第 1 章

整数計算

01 くり上がり・くり下がりで つまずく

くり上がり・くり下がりのある計算では数の分解がポイントです。「たして10」になる2つの数をすぐに思い浮かべられるかどうかです。

▶問題

次の計算をしましょう。

（1）① 5＋8（1年生）　　② 17－9（1年生）

（2）①　 29
　　　 ＋ 31 （2年生）　　②　 62
　　　　　　　　　　　　　　 － 45 （2年生）

❌ ココでつまずく‼

（1）① 5 ＋ 8 ＝ ~~12~~　→ 指で数えようとして まちがえてしまいました

② 17 － 9 ＝ ~~12~~　→ 一の位の「7－9」ができないので「9－7」をして「10」をたしてしまいました

（2）①　 29
　　 ＋ 31
　　　 50　→「9＋1＝10」をくり上げず計算してしまいました

②　 62
　 － 45
　　 23　→ 一の位の「2－5」ができないので「5－2」とひっくり返してしまいました

花まるはこう考えて、解決します！

（1）① **ポイント** 数を2つにわけて「たして10」になる計算を
つくりましょう。

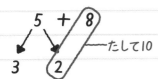

8をたして10になる数は2
なので、5を3と2にわける

$$2 + 8 = 10$$
$$10 + 3 = 13$$

5をたして10になる数は5
なので、8を5と3にわける

$$5 + 5 = 10$$
$$10 + 3 = 13$$

② **ポイント** ひき算がしやすいように
数を2つにわけて計算しましょう。

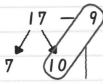

先に10から9をひく

17を7と10にわける
$$10 - 9 = 1 \cdots ひき算$$
$$1 + 7 = 8 \cdots たし算$$
▶ 減加法といいます

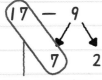

先に17から7をひく

9を7と2にわける
$$17 - 7 = 10 \cdots ひき算$$
$$10 - 2 = 8 \cdots ひき算$$
▶ 減減法といいます

（2）①

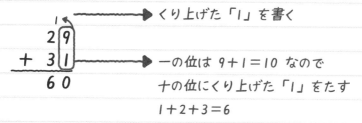

くり上げた「1」を書く

一の位は 9＋1＝10 なので
十の位にくり上げた「1」をたす
1＋2＋3＝6

ポイント くり上がりのしくみ

10円玉と1円玉を使って考えてみましょう。

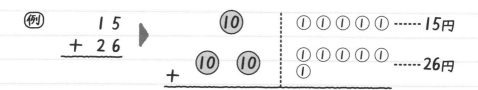

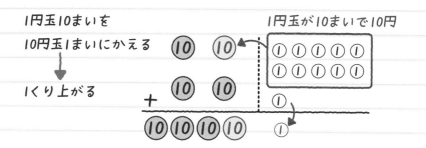

1円玉10まいを
10円玉1まいにかえる

↓

1くり上がる

1円玉が10まいで10円

だから、⑩ が4まい、① が1まいで41円になります。

（2）②

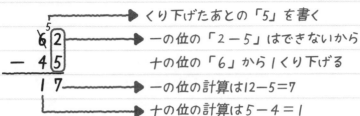

くり下げたあとの「5」を書く

一の位の「2-5」はできないから

十の位の「6」から1くり下げる

一の位の計算は12-5=7

十の位の計算は5-4=1

ポイント くり下がりのしくみ

10円玉と1円玉を使って考えてみましょう。

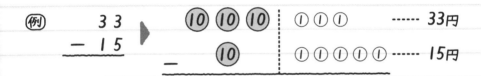

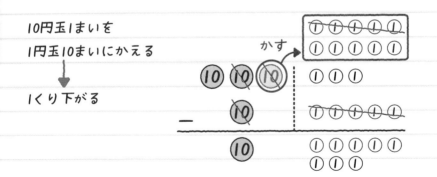

だから、⑩が1まい、①が8まいで18円になります。

02 九九で つまずく

2年生

九九の苦手な段は何度も声を出して書いて練習しましょう。目標は、すばやくミスなく引っかからずにすべての段が言えることです。

▶問題

（1）次の計算をしましょう。（2年生）

①7 × 4　　②6 × 8

③4 × 8　　④7 × 6

（2）3まいのおさらにリンゴが2つずつのっています。リンゴはぜんぶでなんこありますか。式と答えを書きましょう。（2年生）

ココでつまずく‼

（1）①7× 4 ＝ ~~24~~ → 1つ前の段の「6×4＝24」とかんちがいしました

②6× 8 ＝ ~~42~~ → 1つ前の「6×7＝42」とかんちがいしました

③4× 8 ＝ ~~56~~ → 7×8＝56の「し」と「しち」を言いまちがえました

④7× 6 ＝ ~~48~~ → 8×6＝48の「しち」と「はち」を言いまちがえました

（2）3×2＝6　　　答え　⑥こ

答えはあっていますが、出てきた数字の順番でかけ算をしただけかもしれません

↓

この式だと というイメージです。

花まるはこう考えて、解決します!

（1）4、6、7、8の段はまちがいやすい九九です。

▼

まずは苦手な段でもミスなく、すばやく言えるようになるまで練習
しましょう。九九のポイントは段の数だけ増えることです。

┌─ たとえば、7の段は7ずつ増えています ─┐

$$7 \times 1 = 7$$
$$7 \times 2 = 14$$ ）+7
$$7 \times 3 = 21$$ ）+7
$$7 \times 4 = 28$$ ）+7
$$7 \times 5 = 35$$ ）+7
$$7 \times 6 = 42$$ ）+7
$$7 \times 7 = 49$$ ）+7
$$7 \times 8 = 56$$ ）+7
$$7 \times 9 = 63$$ ）+7

① 7×4は、7×3＝21だから

21＋7をして7×4＝28とたしかめることができます。

② 6×8＝48　→　ろく・は・しじゅうはち

かけ算はひっくり返しても答えは同じです。6の段が苦手なら

8×6＝48とひっくり返して8の段でたしかめる方法もあります。

③ 4×8＝32　→　し・は・さんじゅうに
④ 7×6＝42　→　しち・ろく・しじゅうに

（2）この問題は3×2でも2×3でも答えは同じです。

大切なのは問題文をイメージして式を考えたかどうかです。

この問題は次のようにイメージできればOKです。

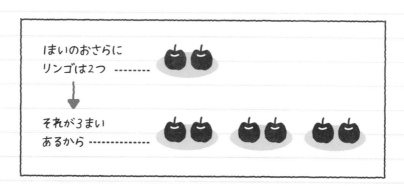

1まいのおさらにリンゴが2つのったおさらが3まいなので、

$$2 \times 3 = 6$$

答え　6こ

03 大きな数で つまずく

3・4年生

大きな数でつまずく子の多くは、位の取りちがえや0の数えまちがえをしています。4ケタ区切りと筆算の習慣をつけることが大切です。

▶ 問題

（1）次の数字の読み方を漢字で書きましょう。（3年生）

27001059

（2）次の計算をしましょう。

①120000+18000（3年生）

②12000×2500（4年生）

✕ ココでつまずく!!

（1）~~二千七百一万五十九~~

位を意識せず、27001を二千七百一と読んでしまいました

（2）①120000+18000=~~30000~~

0が4つ　　0が3つ

ケタがちがうのに、12+18をしてしまいました

②
```
        12000
   ×     2500
       60000
       24000
      300000
```

12000×25の計算に気をとられ、2500の(00)を忘れてしまいました

（1）**ポイント** 大きな数に慣れるまでは4ケタごとに区切って読みましょう。

千	百	十	一	千	百	十	一
2	7	0	0	1	0	5	9

万のケタ

二千七百万 千五十九

※ 4年生になると、億や兆まで学習します。

例

十	一	千	百	十	一	千	百	十	一	千	百	十	一
1	8	4	0	5	2	3	7	5	6	9	4	1	2

兆のケタ　　億のケタ　　万のケタ

▼

十八兆四千五十二億三千七百五十六万九千四百十二

（2）① **ポイント** 大きな数のたし算・ひき算は筆算する習慣をつけましょう。

```
    12 0000   → たし算・ひき算の筆算は
 +   1 8000      位をそろえて書く
 ─────────
    13 8000
```
　　　万

ケタの大きい数字の横式の計算は、位の取りちがえをします。

4ケタ区切りを使って数字を読みあげてから筆算をしましょう。

声に出して数字を読んでいくうちに、大きい数でも正確に位を

読みとれるようになります。

（2）② **ポイント** 大きな数のかけ算では、筆算のやり方に注意しましょう。

末尾に0がたくさんあるときは、

下のように0を外して計算し、

あとから0をもどします。

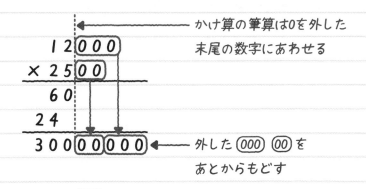

かけ算の筆算は0を外した
末尾の数字にあわせる

外した (000) (00) を
あとからもどす

筆算するときに末尾の (000) (00) を外して

12×25を計算しているので、答えの300に

外した (000) (00) をもどします。

04 筆算のやり方で つまずく

3・4年生

筆算でまちがえる子は手順のミス、途中計算のミス、確認のミスのどれかをしています。手順は覚える、計算は練習、確認は習慣です。

▶ 問題

次の計算をしましょう。

（1）648＋455（3年生）　（2）305－139（3年生）

（3）27×354　（3年生）　（4）428÷4　（4年生）

✕ ココでつまずく‼

（1）

```
    ① 1
    6 4 8
  + 4 5 5
  1 0 0 3
```

➡ 十の位の4＋5＋1まではOK
でも、さらにくり上がったことを忘れ
百の位の計算をミスしてしまいました

（2）

```
    ② 9
    3 0 5
  - 1 3 9
    2 6 6
```

➡ 十の位のくり下がりはOK
でも、百の位のくり下がりを忘れ、
百の位の計算をミスしてしまいました

(3)

```
      27
×    354
    10²8
  8²4³5
   8558
```

→ 27×5の計算で5×7はしたが、5×2をせずに、なぜか27×3の計算に進んでしまいました

(4)

```
      1⑦□
4 ) 428
    4
     28
     28
      0
```

→ 2÷4がわれないまではOK
でも商に0をたてずに2と8をいっしょにおろしたため、まちがえてしまいました

花まるはこう考えて、解決します！

ポイント 整数のたし算・ひき算は次のことに気をつけましょう。

㋐ 位をそろえる
㋑ 一の位から計算する
㋒ くり上がり・くり下がりのメモを書く

(1)

```
  1 1      ← ㋒ くり上がりのメモを書く
  648
+ 455      ㋐ 位をそろえて書く
 1103
           ← ㋑ 一の位から計算する
```

（2）

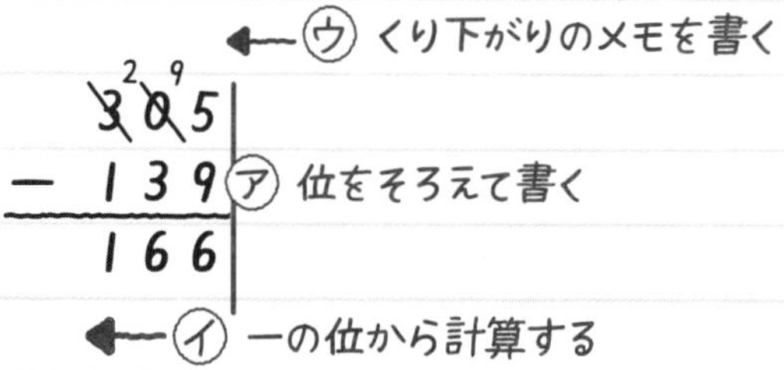

（1）（2）ともに [ポイント] ㋐～㋒を順番に行うことで
くり上がり・くり下がりの多い計算でもきちんと筆算ができます。

（3） [ポイント] かけ算はかけられる数とかける数を入れかえることができるので、筆算をするときはケタの大きい数を上に書いて計算しましょう。

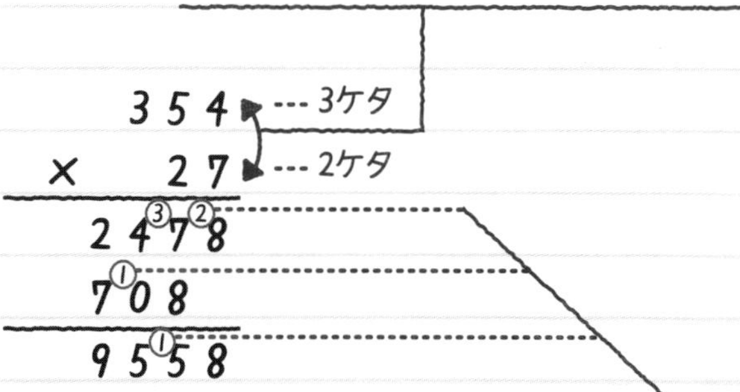

3ケタ×2ケタのようなかけ算では[くり上がりの処理]が
たくさん出てきます。かならず上のように小さくメモ書きを
する習慣をつけましょう。

（4）

> **ポイント** わり算の筆算は「たてる、かける、ひく、おろす」
> で覚えましょう。
>
> ⑦ 商のたてる位置はOKか
> ⑦ 商に「0」をたてるのを忘れていないか
> ⑦ あまりがわる数より大きくないか

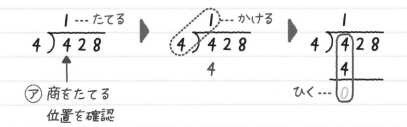

⑦ 商をたてる
位置を確認

ひく…

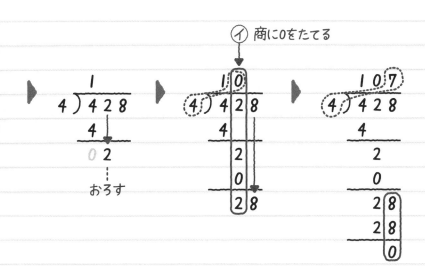

おろす

⑦ 商に0をたてる

わり算の筆算では……

「たてる、かける、ひく、おろす」をくり返しながら

⑦〜⑦を確認する習慣をつけましょう。

05 あまりで つまずく

3・4年生

あまりの出るわり算は、「わる数 > あまり」の確認と「けん算」をかならず行うことにより、ほとんどのミスを減らすことができます。

▶ 問題

（1）30人のグループで旅行します。

4人のりの車で行くとすると車は何台必要ですか。（3年生）

（2）次の計算をしましょう。

① 65 ÷ 6（3年生）

② 37400 ÷ 600 （4年生）

✖ ココでつまずく !!

（1）30 ÷ 4 ＝ 7　答え　~~7台~~ ➡ あまりを考えずに
答えを出してしまいました

（2）① 65 ÷ 6 ~~＝ 9 あまり 11~~ ➡ あまり11はまだ6でわれるので
まちがえています

$$37400 ÷ 600 ＝ 62 あまり~~2~~$$

```
        6 2
② 6 0̸ 0̸ ) 3 7 4 0̸ 0̸
        3 6
        1 4
        1 2
            2  ?
```

計算の手順で消した「0」を
あまりにつけるのを忘れてしまいました

花まるはこう考えて、解決します！

ポイント わり算であまりが出たときは、かならずけん算（たしかめ）をしましょう。また、文章題ではあまりの意味を考えましょう。

▼

けん算（たしかめ）

○ ÷ □ ＝ △ あまり ☆

□ × △ ＋ ☆ ＝ ○

（1）30 ÷ 4 ＝ 7 あまり 2

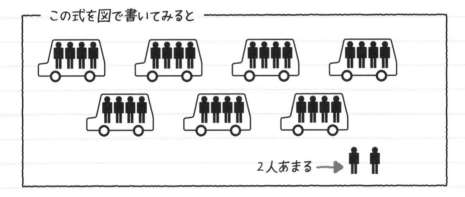

この式を図で書いてみると

2人あまる ➡

この問題は、「30人みんなで旅行するには
車が何台必要ですか」ときいているので

あまり にも車が1台必要！

▼

だから、車は「8台」

答え　8台

（2）

 ポイント あまりが出たときは確認しましょう。

わる数 ＞ あまり

① 65÷6＝9 あまり11

6 ＜ 11
わる数　あまり

だからまちがえています。

もう一度筆算しなおします。

```
      1 0
  6 ) 6 5
      6 0
        5
        0
        5
```

65÷6＝10 あまり5

けん算でたしかめます。

◎ 6×10＋5＝65

あまりが11のときでもけん算をすると、

65になります。

② 37400÷600＝62 あまり2

けん算でたしかめる とまちがえています。

600×62＋2＝37202

37400にならない（×）

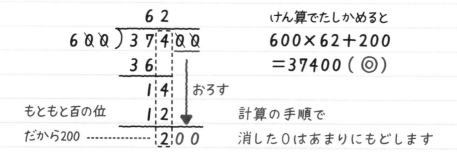

```
            6 2
  6 0 0 ) 3 7 4 0 0
          3 6
            1 4
            1 2
              2 0 0
```

もともと百の位

だから200 ------------

おろす

けん算でたしかめると

600×62＋200

＝37400（◎）

計算の手順で

消した0はあまりにもどします

06 0が入った計算で つまずく
4年生

十の位などに0がある数のかけ算・わり算では、手順を省略できますが、つまずきが見られる場合はまずは手順通りにやりましょう。

▶ 問題

次の計算をしましょう。（4年生）

（1）528×103

（2）609÷3

✖ ココでつまずく‼

（1）

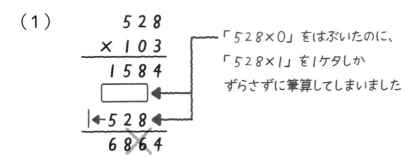

「528×0」をはぶいたのに、「528×1」を1ケタしか ずらさずに筆算してしまいました

（2）

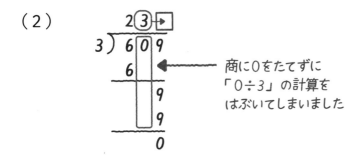

商に0をたてずに 「0÷3」の計算を はぶいてしまいました

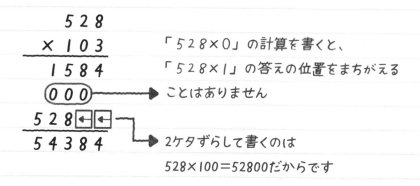

花まるはこう考えて、解決します！

（1） **ポイント** 0が入った計算でつまずいているときは、
手順をはぶかずに計算してみましょう。

```
    5 2 8
  × 1 0 3
  1 5 8 4        「528×0」の計算を書くと、
  0 0 0          「528×1」の答えの位置をまちがえる
                 ことはありません
  5 2 8 ← ←
5 4 3 8 4        2ケタずらして書くのは
                 528×100＝52800だからです
```

（2）

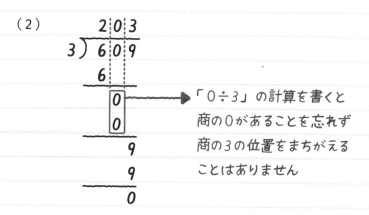

「0÷3」の計算を書くと
商の0があることを忘れず
商の3の位置をまちがえる
ことはありません

（1）（2）のような0が入ったかけ算、わり算は、慣れてきたら
0の計算ははぶきましょう。

07 3ケタ÷2ケタで つまずく
4年生

つまずきやすい計算の代表格です。2ケタ×1ケタの計算や、くり下がりのひき算がスラスラできないことが原因の場合もあります。

▶問題

次の計算をしましょう。（4年生）

257÷34

✖ ココでつまずく‼

パターン①

257÷34＝~~61~~あまり19

```
        6 1 ←ここは
               1/10の位
 34) 2 5 7
     2 0 4
      (5 3) →わる数の34
      3 4     より大きい
      1 9     ことに気づか
             ない
```

パターン②

257÷34＝~~8~~あまり15

```
        8
 34) 2 5 7
   (2 7 2)
     1 5
```

わられる数の257より大きい
のにひき算している

パターン①②ともに「商のたて直し」が必要です。
わる数が2ケタになると、急に「商のたて方」が
わからなくなる子が増えます。

花まるはこう考えて、解決します！

[ポイント] 3ケタ÷2ケタのわり算の手順をたしかめましょう。

㋐ 商をたてる位をきめる

㋑ 商の見当をつける→大きすぎる、小さすぎるの判断で商のたて直し

㋒ あまりの確認とけん算

※ かけ算のくり上がり、ひき算のくり下がりに注意する

㋐ 商をたてる位は？

①②③
34）257

① 2÷34　われない×

② 25÷34　われない×

③ 257÷34　われる◎

㋑ 商の見当は？

8
34）257
272
？

わられる数の257は260に近い
わる数の34は30に近い
260÷30＝8あまり20

仮に商を「8」とたててみる

↓

㋑ 商のたて直し

7
34）257
238
[19] あまり

272は257より大きいから8はダメ！

8だと大きいから1減らして7で計算

㋒ あまりの確認　34 ＞ 19 ◎
わる数　あまり

けん算⇒34×7＋19＝257　（◎）

第 **2** 章

小数・分数計算

08 小数のたし算・ひき算でつまずく

4年生

小数のたし算・ひき算では、「小数点をそろえていない」「小数点以下にかくれている0の扱いがわかっていない」ことがまちがえやすい原因です。

▶ 問題

次の計算をしましょう。（4年生）

（1）2.42 + 13.4　　（2）5.51 + 1.69　　（3）7.4 − 1.24

✗ ココでつまずく!!

（1）

```
    2.42
+  13.4
   37.6
```

✗ 整数と同じように右にそろえてしまいました

✗ 小数点を下におろしてしまいました

（2）

```
   5.51
+  1.69
   7.20
```

◎ 小数点をそろえて書くのはOK！

△ 小数点以下の末尾の0を消し忘れてしまいました

（3）

```
   7.4 0
−  1.24
   6.24
```

✗ 本当は0がかくれているのに、何も書いていないのでそのまま4をおろしてしまいました

花まるはこう考えて、解決します！

（1）小数のたし算・ひき算の筆算は小数点を一直線にそろえましょう。

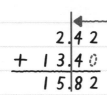

$$
\begin{array}{r}
2.42 \\
+\ 13.40 \\
\hline
15.82
\end{array}
$$

ポイント 慣れないうちはうすく線をひいてたしかめましょう。

（2）減点になることがあるので、
0の消し忘れを最後にチェックしましょう。

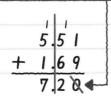

$$
\begin{array}{r}
5.51 \\
+\ 1.69 \\
\hline
7.20
\end{array}
$$

ポイント 小数⇒末尾の0を消します。
（整数の末尾の0は消してはいけません）

 注意

$$
\begin{array}{r}
3.43 \\
+\ 1.65 \\
\hline
5.08
\end{array}
$$

ただし！
この場合の0は残す
消すのは末尾の0だけ！！

（3）小数の計算のときはかくれている「0」を書きましょう。

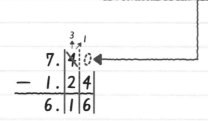

ポイント 小数を含む計算の場合、末尾に0を書かない
だけで本当は0がかくれています。

小数第2位は「0−4」ができないので、
小数第1位からかりてきて、「10−4＝6」になります。

小数第1位はくり下がって3になり、「3−2＝1」
だから答えは、6.16になります。

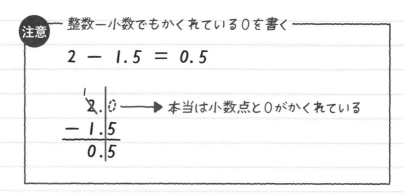

09 小数のかけ算でつまずく

4・5年生

小数の筆算のたし算・ひき算では、小数点は真下にしか動きませんが、かけ算・わり算では左右にも動きます。この動きのしくみをおぼえましょう。

問題

次の計算をしましょう。

（1）2×0.3（4年生）

（2）4.05×10（4年生）

（3）2.28×1.6（5年生）

ココでつまずく!!

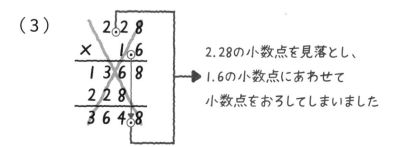

（1）2×0.3＝6 → 2×3＝6（ニ・サンガロク）と九九で読んで小数点をつけ忘れてしまいました

（2）㋐4.05×10＝4.050
㋑4.05×10＝4.005
㋒4.05×10＝40.05
→ どれも10をかけると0がつくと思い込んでしまっています

（3）
```
   2.2 8
×  1.6
 1 3 6 8
 2 2 8
 3 6 4.8
```
→ 2.28の小数点を見落とし、1.6の小数点にあわせて小数点をおろしてしまいました

花まる式はこう考えて、解決します！

おさらい 小数のしくみを理解しましょう。

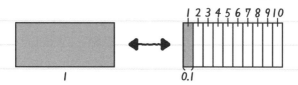

「1」は0.1の ▮ が10こあわさった数

式にすると $0.1 \times 10 = 1$

▼

これを理解した上で……

▼

ポイント 小数のかけ算は整数にして小数にもどすのが基本！

まず、小数点がある場合の「×10」「÷10」の
小数点の動きをおぼえましょう。

たとえば **0.2** の場合、

×10の場合　$0_{\circlearrowright}2 \cdots\!\rightarrow 2.0$　小数点が右に1つつる

÷10の場合　$._{\circlearrowleft}0_{\circlearrowleft}2 \cdots\!\rightarrow 0.02$　小数点が左に1つつる

（1）この問題は2つの考え方ができます。

　　㋐ 基本通り、整数にして小数にもどします。

　　　　$2 \times 0.3 = 0.6$

　　　　　×10 ↓　　↑ ÷10して小数にもどす

　　　　$2 \times \ 3 \ = 6$

（1）[イ] 考えやすいように、かけられる数とかける数をひっくり返します。

▼

0.3×2

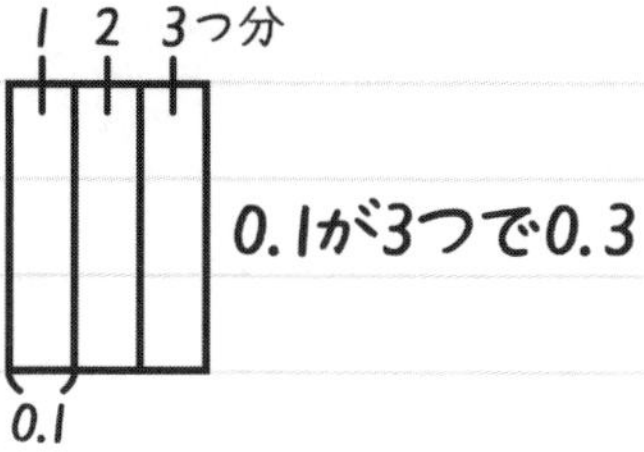
1
2
3つ分
0.1が3つで0.3
0.1

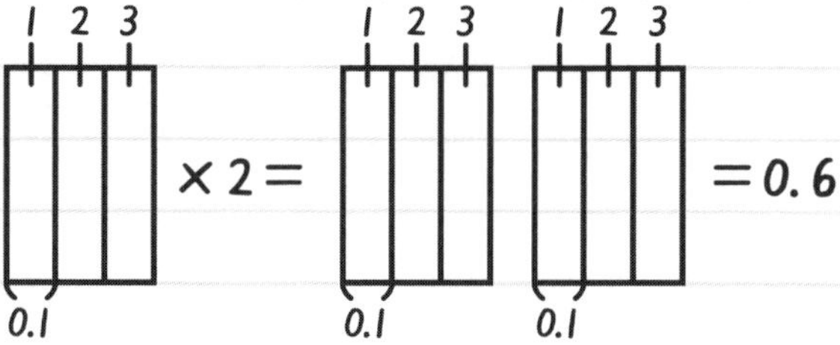
1 2 3
×2＝
1 2 3
1 2 3
＝0.6
0.1
0.1
0.1

（2）小数のかけ算では「×10＝10倍」すれば「0が増える」という考えはまちがいです。

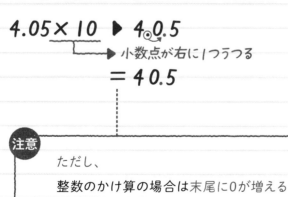

4.05×10 ▶ 40.5

小数点が右に1つうつる

＝40.5

[注意]

ただし、

整数のかけ算の場合は末尾に0が増える

405×10＝4050

（3）小数×小数も基本通り、整数にして小数にもどしましょう。

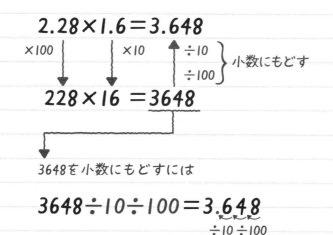

$$2.28 \times 1.6 = 3.648$$

×100　　×10　　÷10　　} 小数にもどす
　　　　　　　　÷100

$$228 \times 16 = 3648$$

3648を小数にもどすには

$$3648 \div 10 \div 100 = 3.648$$
　　　　　　　　　　÷10 ÷100

筆算ではこうなります。

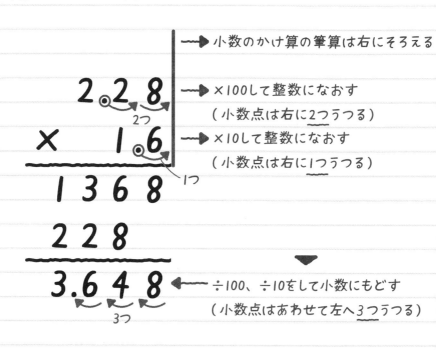

→ 小数のかけ算の筆算は右にそろえる

$$
\begin{array}{r}
2.28 \\
\times\ 1.6 \\
\hline
1368 \\
228 \\
\hline
3.648
\end{array}
$$

→ ×100して整数になおす
（小数点は右に2つうつる）

→ ×10して整数になおす
（小数点は右に1つうつる）

1つ

2つ

→ ÷100、÷10をして小数にもどす
（小数点はあわせて左へ3つうつる）

3つ

052

10 小数のわり算で つまずく①

4・5年生

わり算はわられる数とわる数に同じ数をかけても商は変わりません。その性質を使えば小数のわり算を整数になおして計算することができます。

▶ 問題

次の計算をしましょう。

（1）6÷8（4年生）

（2）3.1÷1.24（5年生）

✖ ココでつまずく‼

（1）㋐ 6÷8＝0 あまり6　　わり切れるまで計算しないで
あまりで答えてしまいました

㋑

```
        75
   8) 6 0 0    ➡ わり切れるまで計算しましたが
      5 6          小数点をうたずに勝手に0をつけたして
      4 0          しまいました
      4 0
        0
```

（2）

```
         0.25
   1.24) 3.1 (わられる数)   ➡ わる数ではなく
  (わる数)  2 4 8              わられる数にあわせて
          6 2 0              小数点をうつしてしまいました
          6 2 0
            0
```

053

花まるはこう考えて、解決します！

ポイント 小数のわり算をするときは次のことに気をつけましょう。

㋐ 指示がなければ、わり算はわり切れるまで計算するのが基本

㋑ 小数第1位以下に商をたてるとき、
わられる数の小数点以下の末尾には
かくれている0がある

（1）6÷8をわり切れるまで計算すると……

```
        0.75  ── ㋐ わり切れるまで計算するのが基本
   8 ) 6.00  ── ㋑ わられる数の小数点以下には
        5 6        かくれている0がある
          4 0
          4 0
            0
```

小数のわり算をするときは、整数にかくれている小数点を
かならず書きましょう。そうすれば商の小数点の位置や
わられる数の小数点以下にかくれている「0」が
あることに気がつきます。

<u>答え 0.75</u>

（2）小数÷小数では、わる数の小数点を先に右にうつして整数にし、

　　そのあと、わられる数の小数点も同じだけ右にうつします。

▼

ポイント 整数・小数どちらのわり算でも

わられる数とわる数に同じ数を

かけてもわっても商は変わりません。

$$12 \div 4 = 3$$
$$\downarrow \times 10 \quad \downarrow \times 10 \qquad 商は同じ$$
$$120 \div 40 = 3$$

$$12 \div 4 = 3$$
$$\downarrow \div 4 \quad \downarrow \div 4 \qquad 商は同じ$$
$$3 \div 1 = 3$$

だから、 $3.1 \div 1.24 = 商$

$$\downarrow \times 100 \quad \downarrow \times 100 \qquad 変わらない$$

$$310 \div 124 = 商$$

$$
\begin{array}{r}
2.5 \\
1.24 \overline{)3\,10.0} \\
248 \\
\hline
620 \\
620 \\
\hline
0
\end{array}
$$

→ わる数の小数点をうつした分だけ

わられる数の小数点をうつす

$$3.1 \div 1.24 = 2.5$$

答え 2.5

11 小数のわり算で つまずく②

5年生

あまりの出る小数のわり算では、小数点の移動が4回（わる数、わられる数、商、あまり）あります。これは練習あるのみです。

▶ 問題

次の計算をしましょう。（5年生）

（1）4.4 ÷ 2.7（商を小数第1位までもとめて、あまりも出しましょう）

（2）7.9 ÷ 3.7（商を四捨五入して、上から2ケタのがい数で答えましょう）

✗ ココでつまずく‼

（1）4.4 ÷ 2.7 = 1.6 あまり 0.8 ✗

```
        1.6
 2.7)4.4.0   ➡ ◎ わる数×10、わられる数×10で
    2 7          わり算をしたのは OK
    1 7 0
    1 6 2
      0.8   ➡ ✗ あまりの小数点の位置をまちがえました
```

（2）7.9 ÷ 3.7 = 2 ✗

```
        2.1
 3.7)7.9.0
    7 4
      5 0
      3 7
      1 3
```

商 (2.1) を四捨五入して2

✗ 上から2ケタ目を四捨五入してしまいました

花まるはこう考えて、解決します！

[ポイント] 小数のわり算の小数点の考え方

[ア] わる数を整数になおす分だけ
わられる数の小数点もうつす

[イ] うつした後の小数点を商に上げる

[ウ] あまりはうつす前の位置から小数点をおろす

（1）小数のわり算のあまりの小数点は、もとの小数点からおろします。

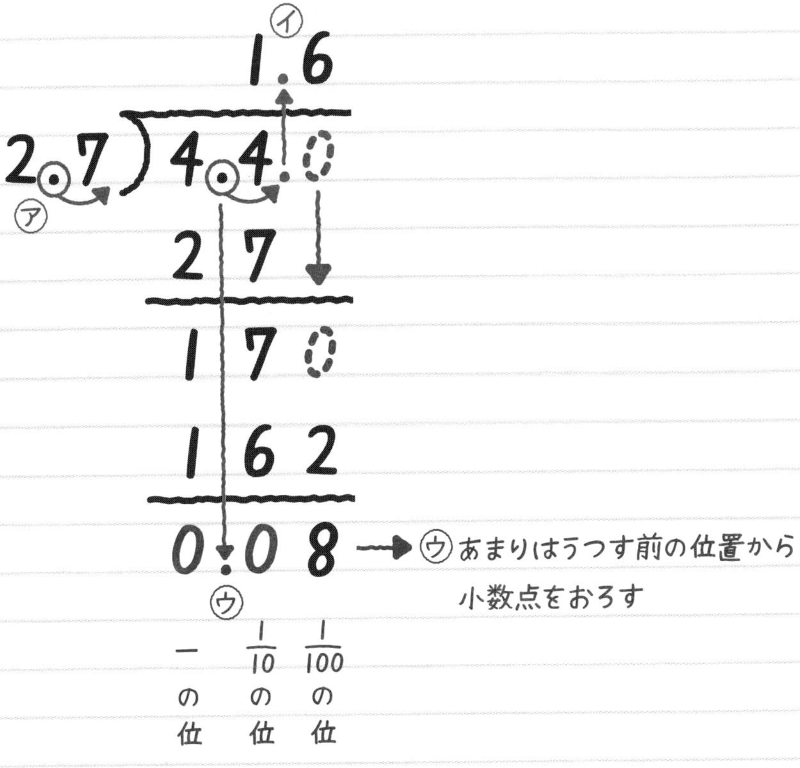

$4.4 \div 2.7 = 1.6$ あまり0.08

（2）上から２ケタのがい数とは上から３ケタ目を四捨五入
するという意味です。

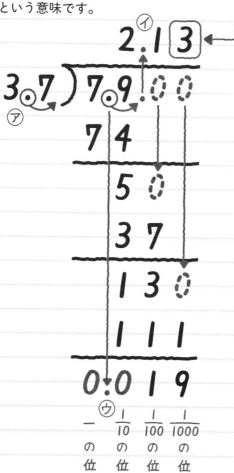

7.9÷3.7=2.13 あまり0.019

商 2.13 ➡ 上から3ケタ目を四捨五入

2.10 ➡ 0は消す

2.1

12 通分、約分で つまずく

5年生

約分でつまずく子は、「もう約分できない」と勝手に思っています。「2、3、5、7」で約分できないかのチェックを習慣にしましょう。

▶問題

次の問題に答えましょう。（5年生）

（1）① $\dfrac{18}{24}$ を約分しましょう。

　　②0.76を分数で表しましょう。

（2） $\dfrac{9}{14}$、$\dfrac{11}{21}$ を通分しましょう。

✖ ココでつまずく!!

（1）① $\dfrac{18}{24} = \dfrac{18 \div 2}{24 \div 2}$

$= \dfrac{9}{12}$ ➡ 約分を1回で終えてしまいました

② $0.01 = \dfrac{1}{100}$

▼

0.76は0.01が76こ

▼

$0.76 = \dfrac{76}{100}$ ➡ 分数にはなおしましたが 約分を忘れてしまいました

（2） $\dfrac{9}{14}$ 、 $\dfrac{11}{21}$ ▶ $\dfrac{9 \times 21}{14 \times 21}$ 、 $\dfrac{11 \times 14}{21 \times 14}$ ー ㋐

▶ $\dfrac{189}{294}$ 、 $\dfrac{154}{294}$ ー ㋑

㋐ ― 単純に分母どうしをかければ通分できますが、
　　このやり方だとたし算のときなどにミスの
　　可能性が高まります。

㋑ ― 約分できます。

❀ 花まるはこう考えて、解決します！

（1）① 約分はできるだけ大きい数でおこない、
　　　これ以上できないかをたしかめましょう。

$$\dfrac{18}{24} = \dfrac{18 \div 3}{24 \div 3}$$

$$= \dfrac{6}{8}$$

$$= \dfrac{6 \div 2}{8 \div 2}$$

$$= \dfrac{3}{4}$$

注意 慣れてきたら、約分は、
少ない回数でやれるように
なりましょう

※この問題の場合、「6」で
約分すれば1回ですみます

（1）② 小数を分数で表す問題もこれ以上約分ができない
　　　ところまでやりましょう。

$$0.76 = \frac{76}{100}$$

$$= \frac{76 \div 4}{100 \div 4} \quad \longleftarrow \text{できるだけ大きい数で約分する}$$

$$= \frac{19}{25}$$

ポイント 約分するときは次のような数の性質を知っておくと便利です。

2でわり切れる数…… 一の位が偶数
　　　　　　　　　　（0、2、4、6、8）

3でわり切れる数…… 各位の和が3の倍数
　　　　　　　　　　（例：123→1+2+3＝6）

5でわり切れる数…… 一の位が0または5

10でわり切れる数…… 一の位が0

※ただし、これらの方法でも約分できる数が
　見つからないときは7、11、13、17……
　でわってみるしかありません。

ポイント 通分は次の3つのやり方があります。

㋐ 分母どうしをかける（分母が1以外の公約数をもたない）

$$\frac{1}{2} 、 \frac{1}{3} \blacktriangleright \frac{1\times3}{2\times3} 、 \frac{1\times2}{3\times2} \blacktriangleright \frac{3}{6} 、 \frac{2}{6}$$

㋑ 片方の分母にあわせる（一方の分母が一方の分母の倍数）

$$\frac{1}{3} 、 \frac{1}{9} \blacktriangleright \frac{1\times3}{3\times3} 、 \frac{1}{9} \blacktriangleright \frac{3}{9} 、 \frac{1}{9}$$

㋒ 最小公倍数にそろえる（㋐、㋑以外）

$$\frac{1}{12} 、 \frac{1}{18} \blacktriangleright \frac{1\times3}{12\times3} 、 \frac{1\times2}{18\times2} \blacktriangleright \frac{3}{36} 、 \frac{2}{36}$$

（2）この問題は㋒最小公倍数にそろえるで通分します。

$$\frac{9}{14} 、 \frac{11}{21}$$

▼

分母14の倍数　14、 28、 ㊷

分母21の倍数　21、 ㊷

▼

分母21と分母14の最小公倍数は42

$$\frac{9}{14} 、 \frac{11}{21} \blacktriangleright \frac{9\times3}{14\times3} 、 \frac{11\times2}{21\times2} \blacktriangleright \frac{27}{42} 、 \frac{22}{42}$$

13 分数のたし算・ひき算で つまずく

3・4・5年生

帯分数のたし算・ひき算は、帯分数のまま計算したほうが、計算ミスは減ります。帯分数のくり上がり、くり下がりがポイントです。

▶問題

次の計算をしましょう。

（1）$\dfrac{2}{7} + \dfrac{3}{7}$（3年生）　　　（2）$3 - 1\dfrac{1}{5}$（4年生）

（3）$4\dfrac{5}{8} + 2\dfrac{5}{6}$（5年生）　　　（4）$7\dfrac{5}{12} - 2\dfrac{7}{15}$（5年生）

✗ ココでつまずく‼

（1）　$\dfrac{2}{7} + \dfrac{3}{7}$

$= \dfrac{2+3}{\boxed{7+7}}$ ──▶ 分母をたしてしまいました

$= \dfrac{5}{14}$ ✗

（2）　$3 - 1\dfrac{1}{5}$

$= \boxed{\dfrac{3}{5} - \dfrac{2}{5}}$ ──▶ 3を$\dfrac{3}{5}$、$1\dfrac{1}{5}$を$\dfrac{2}{5}$にしてしまいました

$= \dfrac{1}{5}$ ✗

（3） $4\dfrac{5}{8} + 2\dfrac{5}{6}$

$= \dfrac{37}{8} + \dfrac{17}{6}$ ⟶ ◎仮分数になおすのは OK

$= \dfrac{\cancel{161}}{24} + \dfrac{68}{24}$ ⟶ ✕通分でミスしました

$= \dfrac{229}{24} = 7\dfrac{\cancel{9}}{24}$ ⟶ ✕帯分数になおすのもミスしました

（4） $7\dfrac{5}{12} - 2\dfrac{7}{15}$

◎帯分数のまま通分は OK

$= 7\dfrac{\boxed{25}}{60} - 2\dfrac{\boxed{28}}{60}$

△分子の「25−28」が
できないからという理由で
仮分数にすると数が大きくなる
のでミスの原因になります

$= \dfrac{445}{60} - \dfrac{148}{60}$

$= \dfrac{297}{60}$

$= 4\dfrac{\cancel{57}}{60}$ ⟶ ✕帯分数になおすまでは OK
でも、約分できることに気づき
ませんでした

花まるはこう考えて、解決します！

[ポイント] 分数のたし算・ひき算の基本

㋐ 分母はたしたり、ひいたりできない

→通分して分母をそろえて、たし算・ひき算をする

㋑ 帯分数の場合は帯分数のまま計算する

（1）分数を図でイメージしてみましょう。

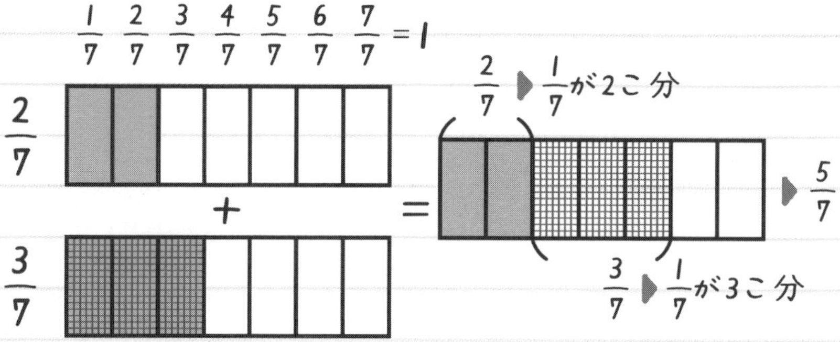

この計算の場合、分母が7でいっしょなので

$$\frac{2}{7}+\frac{3}{7}=\frac{(2+3)}{7}$$ ……分子どうしをたす

$$=\frac{5}{7}$$

（2）　帯分数を含む分数のたし算・ひき算は帯分数のまま
　　　計算するのが基本です。さらに整数はどんな分数
　　　にもなおすことができるので、この問題は整数を
　　　帯分数になおして計算します。

┌─ ちなみに、整数を分数になおすと ─

㋑　$2 = \dfrac{2}{1} = \dfrac{4}{2} = \dfrac{6}{3} = \dfrac{8}{4}$ ……

　　　$3 = \dfrac{3}{1} = \dfrac{6}{2} = \dfrac{9}{3} = \dfrac{12}{4}$ ……

　　　$4 = \dfrac{4}{1} = \dfrac{8}{2} = \dfrac{12}{3} = \dfrac{16}{4}$ ……

$3 - 1\dfrac{1}{5}$ の計算は3を分母5の分数に
なおせば分子どうしが計算できます。

$$1 \quad + \quad 1 \quad + \quad 1 \quad = 3$$

$$\dfrac{5}{5} \quad + \quad 1 \quad + \quad 1 \quad = 2\dfrac{5}{5}$$

ひく

だから ②$\dfrac{5}{5}$ － ①$\dfrac{1}{5}$ ＝ $1\dfrac{4}{5}$

ひく

ポイント 帯分数⟷仮分数のルールをおぼえましょう。

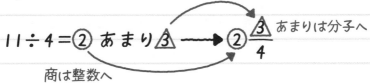

㋐ $\dfrac{11}{4}$ を帯分数になおすときは「分子÷分母」をする

$$11 \div 4 = ② \text{あまり} ③ \longrightarrow ② \dfrac{③}{4} \text{あまりは分子へ}$$

商は整数へ

㋑ $2\dfrac{3}{4}$ を仮分数になおすときは

$$4 \times 2 + 3 = 11 \longrightarrow \dfrac{⑪}{4} \text{分子へ}$$

（分母×整数＋分子）

（3）帯分数のたし算・ひき算は帯分数のまま計算するのが基本です。

$$4\dfrac{5}{8} + 2\dfrac{5}{6}$$

帯分数のまま通分
（8と6の最小公倍数は24）

$$= ④\dfrac{15}{24} + ②\dfrac{20}{24}$$

整数・分数どうしでたし算

$$= 6\dfrac{35}{24}$$

$$\dfrac{35}{24} = \dfrac{24}{24} + \dfrac{11}{24} = 1 + \dfrac{11}{24}$$

$$= 6 + 1\dfrac{11}{24}$$

$$= 7\dfrac{11}{24}$$

（4） 分数のたし算・ひき算は「通分→計算→約分」を
習慣にしましょう。

$$7\frac{5}{12} - 2\frac{7}{15}$$

帯分数のまま通分
（12と15の最小公倍数は60）

$$= 7\frac{25}{60} - 2\frac{28}{60}$$

25−28はできないから
7から $1 = \frac{60}{60}$ をかりてくる

$$= 6\frac{25}{60} + \frac{60}{60} - 2\frac{28}{60}$$

$$= ⑥\frac{85}{60} - ②\frac{28}{60}$$

整数・分数どうしでひき算

$$= 4\frac{57}{60}$$

最後に約分チェックをする
$$\left(\begin{array}{l} 57 \rightarrow 5 + 7 = 12 \cdots 3の倍数 \\ 60 \rightarrow 6 + 0 = 6 \cdots 3の倍数 \end{array} \right)$$

$$= 4\frac{19}{20}$$

3で約分できる

14 分数の大小でつまずく

5年生

もとの量によって表す量が違うのが分数のわかりにくさです。ＳサイズとＬサイズのピザで$\frac{1}{4}$の大きさを比べてみると子どもは納得します。

▶問題

次の問題に答えましょう。（５年生）

（１）たかし君は160mLのジュースの$\frac{1}{4}$を飲み

すすむ君は180mLのジュースの$\frac{1}{3}$を飲みました。

どちらが多く飲みましたか。理由も答えましょう。

（２）$\frac{3}{4}$、$\frac{5}{7}$、0.8、$\frac{7}{9}$のうち、2番目に小さい数はどれですか。

ココでつまずく!!

（１）パターン①

答え　たかし君（×）

理由：$\frac{1}{④}$と$\frac{1}{③}$なら$\frac{1}{4}$のほうが大きいから

→分母を比べてしまいました

パターン②

答え　すすむ君（△）

理由：180mLのほうが多いから

→もとのジュースの量を比べてしまいました

（２）$0.8=\frac{8}{10}$

小さいほうから$\frac{3}{④}$、$\frac{5}{⑦}$、$\frac{7}{⑨}$、$\frac{8}{⑩}$　　答え　$\frac{5}{7}$（×）

→分母の小さいほうから並べてしまいました

花まるはこう考えて、解決します！

（1）分数はもとになる数の大きさによってあらわす大きさもちがいます。

> **ポイント**
>
> ある量の $\dfrac{B}{A}$ とは、「ある量を A 等分したうちの B こ分」のこと。
>
> → 「ある量を分母（A）でわって、分子（B）をかける」

たかし君とすすむ君のジュースの量がちがうため、
単純に飲んだ量を分数だけでは比べられません。
実際に飲んだ量を計算しましょう。

たかし君

$0\quad 40\quad 80\quad 120\quad 160$ (mL)

$\dfrac{1}{4}$

160mLの $\dfrac{1}{4}$ は
「160mLを4等分したうちの1こ分」

▼

「160mLを分母4でわって、分子1をかける」
$160 \div 4 \times 1 = 40$

すすむ君

$0\quad\quad 60\quad\quad 120\quad\quad 180$ (mL)

$\dfrac{1}{3}$

180mLの $\dfrac{1}{3}$ は
「180mLを3等分したうちの1こ分」

▼

「180mLを分母3でわって、分子1をかける」
$180 \div 3 \times 1 = 60$

▼

$60 - 40 = 20$

答え　すすむ君　20mL 多く飲んだから

（2）この問題は通分が大変なので小数になおして比べます。

ポイント 分数を小数にするには「分子÷分母」で計算します。

$$\frac{3}{4} = 3 \div 4 = 0.75$$

$$\frac{5}{7} = 5 \div 7 = 0.714\cdots\cdots$$

$$\frac{7}{9} = 7 \div 9 = 0.777\cdots\cdots$$

小さいほうから並べると $\frac{5}{7}$、$\frac{3}{4}$、$\frac{7}{9}$、0.8

答え $\dfrac{3}{4}$

次のような問題のときは、小数を分数に
なおして比べてもいいでしょう。

㋑

$\frac{3}{4}$、0.6、$\frac{2}{3}$ のうち、一番小さい数はどれですか。

0.6を分数になおす

$$0.6 = \frac{\cancel{6}^{\,3}}{\cancel{10}_{\,5}} = \frac{3}{5}$$

$\frac{3}{4}$、$\frac{3}{5}$、$\frac{2}{3}$、を通分すると $\dfrac{45}{60}$、$\dfrac{36}{60}$、$\dfrac{40}{60}$

一番小さい分数は $\dfrac{36}{60}$ (0.6)

答え　0.6

15 分数のかけ算・わり算で つまずく

6年生

分数のかけ算・わり算でのつまずきは、途中で約分し忘れたり、逆数になおし忘れたりすることが原因です。大事なのは手順を飛ばさないことです。

▶問題

次の計算をしましょう。（6年生）

（1）① $4 \times \dfrac{1}{12}$ 　　② $3 \div \dfrac{2}{5}$ 　　③ $\dfrac{2}{5} \div 3$

（2）① $\dfrac{4}{9} \times \dfrac{7}{12}$ 　　② $1\dfrac{1}{2} \times 2\dfrac{1}{3}$ 　　③ $2\dfrac{1}{3} \div 1\dfrac{1}{6}$

✖ ココでつまずく !!

（1）① $4 \times \dfrac{1}{12} = \dfrac{4 \times 1}{12}$

$= \dfrac{4}{12}$ ——▶ 約分を忘れてしまいました

② $3 \div \dfrac{2}{5} = \dfrac{2}{3 \times 5}$

$= \dfrac{2}{15}$ ——▶ わられる数を分母にかけてしまいました

③ $\dfrac{2}{5} \div 3 = \dfrac{2}{5} \times \dfrac{3}{1}$ ——▶ 3の逆数を $\dfrac{3}{1}$ にして計算してしまいました

$= \dfrac{6}{5} = 1\dfrac{1}{5}$

（2）① パターン①

$$\frac{4}{9} \times \frac{7}{12} = \frac{\overset{1}{\cancel{4}} \times 7}{\underset{3}{\cancel{9}} \times \cancel{12}_{1}}$$

→ 分母どうしも
約分してしまいました

$$= \frac{7}{3} = 2\frac{1}{3}$$

パターン②

$$\frac{4}{9} \times \frac{7}{12} = \frac{\cancel{28}^{14}}{\cancel{108}^{54}}$$

$$= \frac{14}{54}$$ ——→ 約分がまだできます

② $1\frac{1}{2} \times 2\frac{1}{3} = \overparen{2 \times 1} + \underparen{\frac{1}{2} \times \frac{1}{3}}$ ——→ 整数どうし
分数どうしを
かけてしまいました

$$= 2\frac{1}{6}$$

③ $2\frac{1}{3} \div 1\frac{1}{6}$

$$= \frac{7}{3} \div \frac{7}{6}$$

$$= \boxed{\frac{3}{7}} \times \frac{6}{7}$$ ——→ わられる数も逆数にしてしまいました

$$= \frac{3 \times 6}{7 \times 7}$$

$$= \frac{18}{49}$$

花まるはこう考えて、解決します！

（1） [ポイント①] 分数のかけ算は次の3つに気をつけましょう。

㋐ 分数のかけ算は計算する前に約分する

㋑ 慣れるまで整数は分母を1の分数にして計算する

㋒ 分数のかけ算は帯分数を仮分数にして計算する

① $4\times\frac{1}{12}=\frac{4}{1}\times\frac{1}{12}=\frac{\overset{1}{\cancel{4}}\times 1}{1\times\underset{3}{\cancel{12}}}=\frac{1}{3}$

㋐ 計算の前に約分

㋑ 整数を分母1の分数に

[ポイント②] 分数のわり算は「わる数」を逆数にしてかけ算します。

㋐ 「$\div\frac{B}{A}$」を逆数にしてかけ算にすると「$\times\frac{A}{B}$」

㋑ 「$\div C$」を逆数にしてかけ算にすると「$\times\frac{1}{C}$」

㋒ 「$\div 1\frac{4}{5}$」のような帯分数は

「$\div\frac{9}{5}$」と仮分数になおし逆数にしてかけ算「$\times\frac{5}{9}$」

※わり算でも[ポイント①]に気をつけましょう

② $3\div\frac{2}{5}=\frac{3}{1}\times\frac{5}{2}$ ――― ㋐ 逆数にしてかけ算

$=\frac{3\times 5}{1\times 2}=\frac{15}{2}=7\frac{1}{2}$ ――― 帯分数にする

③ $\frac{2}{5}\div 3=\frac{2}{5}\div\frac{3}{1}=\frac{2}{5}\times\frac{1}{3}$ ――― ㋑ 逆数にしてかけ算

$=\frac{2\times 1}{5\times 3}=\frac{2}{15}$

ポイント 約分は途中計算で上下、ナナメでこれ以上約分できないかを
たしかめましょう。

（2）①　$\dfrac{4}{9} \times \dfrac{7}{12} = \dfrac{\overset{1}{4} \times 7}{9 \times \underset{3}{12}}$ → ナナメで約分

$= \dfrac{7}{9 \times 3}$

$= \dfrac{7}{27}$

②　$1\dfrac{1}{2} \times 2\dfrac{1}{3} = \dfrac{3}{2} \times \dfrac{7}{3}$ → 帯分数を仮分数にする

$= \dfrac{\overset{1}{3} \times 7}{2 \times \underset{1}{3}}$ → ナナメで約分

$= \dfrac{7}{2} = 3\dfrac{1}{2}$ → 帯分数にする

③　$2\dfrac{1}{3} \div 1\dfrac{1}{6} = \dfrac{7}{3} \div \dfrac{7}{6}$ → 帯分数を仮分数にする

$= \dfrac{7}{3} \times \dfrac{6}{7}$ → 逆数にしてかけ算

$= \dfrac{\overset{1}{7} \times \overset{2}{6}}{\underset{1}{3} \times \underset{1}{7}}$ → ナナメで約分

$= \dfrac{1 \times 2}{1 \times 1}$

$= \dfrac{2}{1} = 2$ → 分母が1なので整数にする

第 3 章

計算の きまりと 工夫

16　□を使った計算で つまずく

3年生

いわゆる逆算というものですが、「たし算の逆だからひき算」という覚え方を すると、ひき算やわり算の逆算でつまずきます。

▶ 問題

次の□に入る数をもとめましょう。（3年生）

（1）① □ − 12 = 25

　　　② 20 − □ = 4

（2）① □ ÷ 6 = 15

　　　② 32 ÷ □ = 4

✗ ココでつまずく !!

（1）① □ − 12 = 25

　　　□ = 12 + 25

　　　□ = ㊲

　　　↓

　　　37 − 12 = 25だから正解

　　② 20 − □ = 4

　　　□ = 20 + 4

　　　□ = 24

　　　↓

　　　20 − 24はできないのでまちがいです

（2）① $\Box \div 6 = 15$

$\Box = 15 \times 6$

$\Box = \enclose{circle}{90}$ ⟶ 90÷6=15だから正解

② $32 \div \Box = 4$

$\Box = 4 \times 32$

$\Box = \cancel{128}$ ⟶ 32÷128は4ではないのでまちがいです

□を使ったひき算やわり算の逆算がすべてたし算やかけ算で
できるとは限りません。

花まるはこう考えて、解決します！

ポイント □を求める問題を解くときは
「図にする→解く→たしかめる」をしましょう

（1）① $\Box - 12 = 25$

ひかれる数が全体にあたります

図 ⟶ 全体□から12をひいたら
25になる

解 $\Box = 12 + 25$ ⟶ 図を式にする
$\Box = 37$

た $37 - 12 = 25$ ⟶ 25になるから正解

（1）② $20-\square=4$

（図）　　　　　　　　　　　全体20から□をひいたら
　　　　　　　　　　　　　　4になる

▼

（解）$\square=20-4$　━━▶　図を式にする

$\square=16$

（た）$20-16=4$　━━▶　4になるから正解

（2）① $\square\div6=15$

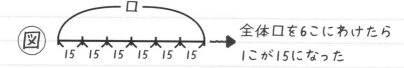

（図）　　　　　　　　　　　全体□を6こにわけたら
　　　　　15 15 15 15 15 15　　1こが15になった

▼

（解）$\square=15\times6$　━━▶　図を式にする

$\square=90$　　　　　　　15が6こ分で□になる

（た）$90\div6=15$　━━▶　15になるから正解

② $32\div\square=4$

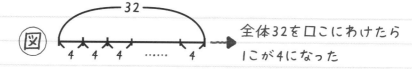

（図）　　　　　　　　　　　全体32を□こにわけたら
　　　　　4 4 4 …… 4　　　1こが4になった

▼

（解）$\square=32\div4$　━━▶　図を式にする

$\square=8$　　　　　　　　全体32の中に4が

　　　　　　　　　　　　　　□こある

（た）$32\div8=4$　━━▶　4になるから正解

17 暗算力でつまずく①

3・4年生

筆算をしないでつまずく子もいますが、逆に筆算ばかりにとらわれてつまずく子もいます。筆算と暗算をバランスよくできることを目指しましょう。

▶問題

次の計算をしましょう。

（1）75＋37（3年生）　　　（2）56−19（3年生）

（3）62×6（4年生）　　　（4）98÷7（4年生）

✖ ココでつまずく‼

学年が上がってもすべての問題を筆算でやってしまっています。

| ママ | 「あなた、いつも暗算するからまちがえるのよ。ちゃんと筆算しなさい」 |

| ママ | 「ゆっくりでいいから筆算はていねいにやりなさい」 |

| 子ども | 「めんどくさいなぁ。筆算しなくてもできるのに」 |

| 子ども | 「あっ！逆に筆算でまちがえた」 |

（1） 75＋37=~~102~~

```
  ①
  7 5
＋ 3 7
─────
1 0 2
```

くり上がりの1をメモ書きしなかったため
十の位を「7+3=10」と
計算してしまいました

（2） 56－19=~~47~~

```
  ④
  5 6
－ 1 9
─────
  4 7
```

一の位がひけなかったため
十の位の5から1をかりてきたのは OK
でも、くり下がりの4のメモ書きを
忘れて「5-1」をしてしまいました

（3） 62× 6 =~~362~~

```
    6 2
×     6
──────
  3 6①2
```

6×2＝12のくり上がりの1
のメモ書きを忘れてしまいました

（4） 98÷ 7 = ~~14~~ あまり 4

```
     1 4
  ┌─────
7 │ 9 8
     7
  ─────
     2 8
    (2 4)
  ─────
       4
```

7×4＝24と
九九をまちがえてしまいました

花まるはこう考えて、解決します！

2ケタの計算をすべて筆算しようとする子がいます。

でも、筆算は時間がかかるうえに、ミスをする恐れもあります。

筆算を使わないで工夫して計算できないか考えてみましょう。

（以下の解き方は一例です）

（1）　75 ＋ 37

$$= 70 + 5 + 30 + 7$$ → 70＋30と5＋7など

たす数を計算しやすい

$$= 100 + 12$$ ように2つにわけて計算

$$= 112$$ するとラクにたし算が

できます

（2）　56 － 19

$$= 56 - (20 + 1)$$ → 19をひくのではなく

$$= 36 + 1$$ キリのいい20をひいて

$$= 37$$ ひきすぎた1をあとでたすなど、

ひく数を計算しやすいように

2つにわけて計算すると

ラクにひき算ができます

計算のきまりを使いましょう。

$$(■+●) × ▲ = ■ × ▲ + ● × ▲$$

$$(■-●) × ▲ = ■ × ▲ - ● × ▲$$

$$(■+●) ÷ ▲ = ■ ÷ ▲ + ● ÷ ▲$$

$$(■-●) ÷ ▲ = ■ ÷ ▲ - ● ÷ ▲$$

（3）　$62 × 6$

　　　$= (60 + 2) × 6$　　　　　$(■+●) × ▲$

　　　$= 60 × 6 + 2 × 6$　　　$■ × ▲ + ● × ▲$

　　　$= 360 + 12$

　　　$= 372$

かけられる数を計算しやすい

ように62を「60と2」にわけて、計算します。

（4）　$98 ÷ 7$

　　　$= (70 + 28) ÷ 7$　　　　$(■+●) ÷ ▲$

　　　$= 70 ÷ 7 + 28 ÷ 7$　　$■ ÷ ▲ + ● ÷ ▲$

　　　$= 10 + 4$

　　　$= 14$

わられる数を計算しやすい

ように98を「70と28」にわけて、計算します。

18 暗算力で つまずく②

4年生

暗算のために必要な力は、数を分解したり組み合わせたりする力です。暗算力がつくと計算のスピードが上がり、ミスも減ります。

▶問題

次の計算をしましょう。（4年生）

（1）68 + 44 + 32

（2）5 × 23 × 4

（3）25 × 28

✗ ココでつまずく‼

（1）～（3）の解答例はすべて正解です。
でも、少しだけ工夫すれば、もっと簡単に計算ができます。

（1）　68 + 44 + 32
　　= 112 + 32
　　= ⃝144

前から順番に68+44＝112をして
最後に32をたしました
この問題はたし算のルールを使えば、
もっと簡単に計算することができます

（2）　$\boxed{5 \times 23} \times 4$　　▶ 筆算①

　　$= \boxed{115 \times 4}$　　▶ 筆算②

　　$= 460$

$$
\begin{array}{r}
2\,3 \\
\times\ \ 5 \\
\hline
1\,1\,5
\end{array}
$$
　　　　—— 筆算①

$$
\begin{array}{r}
1\,1\,5 \\
\times\ \ \ 4 \\
\hline
4\,6\,0
\end{array}
$$
　　　　—— 筆算②

この問題は2回も筆算をするので、
それだけ計算ミスをする可能性があります

（3）　$25 \times 28 = 700$

$$
\begin{array}{r}
2\,5 \\
\times\ 2\,8 \\
\hline
2\,0\,0 \\
5\,0\ \\
\hline
7\,0\,0
\end{array}
$$

この問題は2ケタ×2ケタのかけ算なので
筆算をしていますが、その中でくり上がりの
計算が出てくるので、ミスをする可能性があります

花まるはこう考えて、解決します！

ポイント たし算だけ、かけ算だけの式なら

どこから計算しても答えは同じです。

$$■+● =●+■$$
$$(■+●)+▲=■+(●+▲)$$
$$■×● =●×■$$
$$(■×●)×▲=■×(●×▲)$$

▼

工夫をして計算するコツは一の位が0

になるような組み合わせを見つけることです。

(例) たし算なら、たすと一の位が0になる

組み合わせを見つけて計算します。

かけ算なら、偶数×5の倍数などの

組み合わせを見つけて計算します。

（1）　$68 + 44 + 32$
$$= \boxed{68 + 32} + 44 \quad ▼\text{たすと一の位が0になる}$$
$$= 100 + 44 \qquad \left(\begin{array}{l} 68……8 \\ 32……2 \end{array} \right)$$
$$= 144$$

このたし算はたすと一の位が0になる組み合わせを見つけて

先に計算することで、残りの計算100＋44が簡単になります。

（2）　　5 × |23 × 4|　➤ ■×●＝●×■
　　＝ |5 × 4| ×23　➤ 5の倍数×偶数
　　＝ 20 × 23 ⟩
　　＝ 23 × 20 ▸ ➤ ■×●＝●×■
　　＝ 460

このかけ算は「5の倍数×偶数」を見つける
ことがポイントです。残りのかけ算「23×20」なら
暗算で計算することができます。

（3）　　25 × |28|
　　＝ 25 × |4×7|
　　＝ |25 × 4| ×7　➤ 5の倍数×偶数
　　＝ 100 × 7
　　＝ 700

このかけ算は25（5の倍数）とかけ算の相性がいい
4（偶数）を使えるように28を「4×7」にわけることが
ポイントです。

　　　　25×2＝50
　　　　25×4＝100　⟩ 25×偶数
　　　　25×6＝150
　　　　　⋮

50、100、150……×1ケタ、の形にすると
暗算でも計算しやすくなります。

19 計算の順序で
つまずく

4年生

計算の順序でまちがえる子は、計算の手順を勝手に飛ばしてその過程をノートに残しません。解説のような逆三角形ができているのが理想です。

▶ 問題

（1）次の計算をしましょう。（4年生）

15－12÷（6－3）×2

（2）次の問題を一つの式で解きましょう。（4年生）

たかし君は1こ80円のチョコレートと1こ50円のガム
をセットにしてもらい、5セット買って1000円をはらいました。
おつりはいくらでしょうか。

✖ ココでつまずく !!

（1）　$\boxed{15-12}\div(6-3)\times2$
$=3\div(6-3)\times2$
$=3\div3\times2$
$=1\times2$
$=\cancel{2}$

わり算やかけ算があるのに先にひき算をしてしまいました

（2）　$\boxed{80+50}\times5$
$=80+250$
$=330$
$1000-330=670$

セットにしないで式をたて、そのまま計算してしまいました

答え　~~670円~~

花まるはこう考えて、解決します！

ポイント 3つの「きまり」を守って計算しましょう。

㋐ （　）があるときは先に計算する

㋑ ×や÷は、＋や－より先に計算する

㋒ ㋐㋑以外は左から計算する

▼

[例] ㋐㋑㋒の「きまり」をたしかめながら

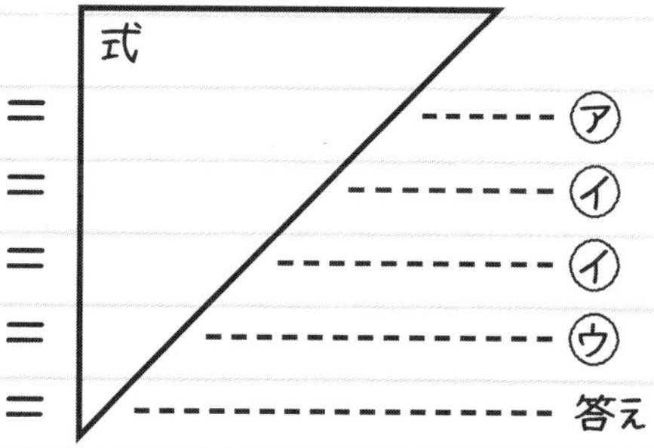

計算式は逆三角形になるように書きましょう。

（1）　15－12÷(6－3)×2 → ㋐（　）を先に計算

＝15－12÷3×2 → ㋑ －よりも÷が先！

＝15－4×2 → ㋑ －よりも×が先！

＝15－8 → ㋒ 左から計算

＝7

この問題は３つの「きまり」がすべて入っているので、

一つずつちゃんと理解しながら解けるようになりましょう。

（2） ポイント 一気に式をつくるのではなく、問題文にそって一つずつ式をつくりましょう。

① 1こ80円のチョコレートと1こ50円のガムをセット

(80＋50)

② セットを5セット買う

(80＋50)×5

③ 1000円はらっておつりをもらう

1000－（80＋50）×5

＝1000－(80＋50)×5 → [ア]（　）を先に計算

＝1000－130×5 → [イ]－よりも×が先！

＝1000－650 → [ウ]左から計算

＝350

答え 350円

20 小数を分数になおすでつまずく

6年生

整数や小数のかけ算・わり算を分数になおして計算できるようになると、約分が使えるので計算が簡単になり、ミスも減っていきます。

▶ 問題

次の計算をしましょう。（6年生）

（1）$12 \times 4 \div 9 \div 8$

（2）0.32×1.25

✗ ココでつまずく‼

（1）
$$12 \times 4 \div 9 \div 8$$
$$= 48 \div 9 \div 8$$
$$= \cancel{5.3 \div 8}$$

48÷9がわり切れないから
途中でやめてしまいました

```
      5.3
  9)4 8
    4 5
      3 0
      2 7
        3
```

（2）$0.32 \times 1.25 = \cancel{0.39}$

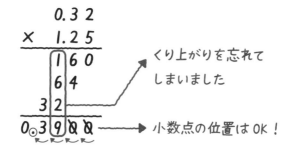

```
      0.3 2
  ×   1.2 5
      1 6 0
      6 4
    3 2
  0.3 9 0 0
```

くり上がりを忘れて
しまいました

小数点の位置はOK！

花まるはこう考えて、解決します！

（1）わり切れない場合は、整数を分数になおして計算しましょう。

▼

ポイント　わり算ではわる数が3の倍数や7の倍数の
　　　　　ときは、3÷3や7÷14などをのぞけば、
　　　　　わり切れないことが多いことを知っておきましょう。

$$12 \times 4 \div 9 \div 8$$

$$= 12 \times 4 \div \frac{9}{1} \div \frac{8}{1}$$ ▶ 整数を分数にする

$$= 12 \times 4 \times \frac{1}{9} \times \frac{1}{8}$$ ▶ 分数のわり算は逆数をかける

$$= \frac{\overset{2}{\cancel{12}} \times \overset{1}{\cancel{4}} \times 1 \times 1}{\underset{3}{\cancel{9}} \times \cancel{8}_{1}}$$ ▶ ナナメで約分する

$$= \frac{2 \times 1 \times 1 \times 1}{3 \times 1}$$

$$= \frac{2}{3}$$

＝をそろえて 逆三角形 になるように

＝
　＝
　　＝

途中の計算を飛ばさないように一つずつ書きましょう。

（2）小数×小数、小数÷小数で計算が大変な場合は、
分数になおして計算しましょう。

$$0.32 \times 1.25$$

$$= \frac{\overset{8}{\cancel{32}}}{\underset{25}{\cancel{100}}} \times 1\frac{\overset{1}{\cancel{25}}}{\underset{4}{\cancel{100}}} \quad \cdots\cdots 小数を分数になおして約分する$$

$$= \frac{8}{25} \times 1\frac{1}{4}$$

$$= \frac{8}{25} \times \frac{5}{4} \quad \cdots\cdots 仮分数にする$$

$$= \frac{\overset{2}{\cancel{8}} \times \overset{1}{\cancel{5}}}{\underset{5}{\cancel{25}} \times \underset{1}{\cancel{4}}} \quad \cdots\cdots 約分する$$

$$= \frac{2 \times 1}{5 \times 1}$$

$$= \frac{2}{5}$$

第 **4** 章

文章題

21 たし算・ひき算の文章題でつまずく

1年生

式をつくる前に文章をイメージすることが大切です。読みまちがいを減らすために大事な数に丸をしたりことばに線を引いたりしましょう。

▶ 問題

しきをつくってこたえましょう。（1年生）

（1）れいこさんがかずこさんにあめを4こあげたら
　　3このこりました。
　　れいこさんはあめをなんこもっていたでしょう。

（2）シールを9まいもっているななさんが
　　まなぶくんのシールをみて、
　　「わたしのほうが5まいおおいわ」といいました。
　　まなぶくんはシールをなんまいもっているでしょう。

（3）たかしくんのまえには6にん、
　　うしろには5にんならんでいます。
　　ならんでいるのはみんなでなんにんですか。

（4）じゅんこさんはえんぴつを1ぽんしかもっていません。
　　そこでおかあさんがえんぴつを4ほんかってくれました。
　　さらにけしゴムを2こかってくれました。
　　じゅんこさんはえんぴつをなんぼんもっているでしょう。

ココでつまずく!!

（1）4－3＝1　　　　こたえ ~~1~~ こ

「のこり」や「れいこさんがあめをあげた」
という文章でひき算だと思ってしまいました
問題の中に出てきた数字の順に
ひき算をしているだけかもしれません

（2）9＋5＝14　　　　こたえ ~~14~~ まい

「5まいおおい」ということばから
たし算してしまいました

（3）6＋5＝11　　　　こたえ ~~11~~ にん

「自分を入れていない」ことに気づいていません

（4）1＋4＋2＝7　　　　こたえ ~~7~~ ほん

「えんぴつの数」をきかれているのに
けしゴムの数も入れて計算してしまいました

ポイント 文章題は文にそって絵や図にしましょう。

（1）

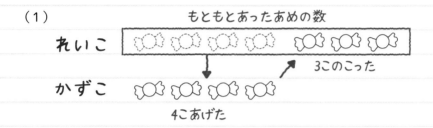

もともとあったあめの数

れいこ

かずこ

4こあげた

3このこった

かずこにあげた4こ＋れいこにのこった3こ
＝れいこがもともともっていたあめの数

れいこのあめ　4＋3＝7　　こたえ　7こ

（2）

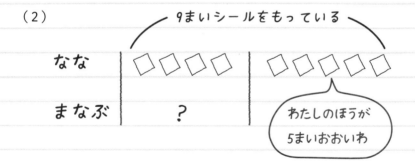

9まいシールをもっている

なな

まなぶ

？

わたしのほうが
5まいおおいわ

ななの9まいのシールーまなぶよりおおい5まいのシール
＝まなぶのシール

まなぶのシール　9－5＝4　　こたえ　4まい

（3）　まえに6にん　｜たかし｜　うしろに5にん

まえ6にん＋たかし＋うしろ5にん
＝みんなのにんずう

みんなのにんずう　6+1+5＝12　　こたえ　12にん

（4）

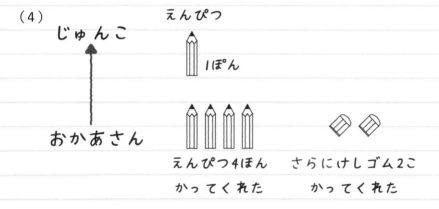

じゅんこ

えんぴつ　1ぽん

おかあさん

えんぴつ4ほん
かってくれた

さらにけしゴム2こ
かってくれた

こたえは　じゅんこの えんぴつ　がなんぼんになったのか

じゅんこのえんぴつ＝もともともっていた1ぽん
＋
おかあさんがかってくれた4ほん

じゅんこのえんぴつ　1+4＝5

こたえ　5ほん

22 かけ算・わり算の文章題でつまずく

3・4年生

文章題では、□を使って式をつくるほうが解きやすいこともあります。求めたいものを□にして、数字だと思って式をつくることがコツです。

▶ 問題

（1）わからない数を□として式にあらわし、

　　□にあてはまる数をもとめましょう。（3年生）

　　①えんぴつが何本かあります。

　　　4人に同じ本数ずつわけたら1人分は8本になりました。

　　②36をある数でわったら答えが9になりました。

（2）たかし君のもっているカードは30まいで、

　　ひろし君のカードの3倍です。

　　ひろし君はカードを何まいもっていますか。（4年生）

（3）80円で、1まい7円のおりがみが何まい買えて

　　何円あまりますか。

　　答えのたしかめもしましょう。（4年生）

✗ ココでつまずく!!

（1）① $8 \times 4 = \square$
　　　 $\square = 32$　　　　　　答え　32本

式のつくり方がまちがっていますが、
答えはあっています

② 答え　4

答えはあっていますが、
どう考えたのかがわかりません

（2）$30 \times 3 = 90$　　　　　答え　90まい

「3倍」だからと問題の中に出てきた
数にかけ算をしてしまいました

（3）$80 \div 7 = 11$ あまり 3

　　　　　　答え　11まい買えて3円あまる

ここまでは正しいですが、
たしかめをしていません

花まるはこう考えて、解決します！

ポイント □を使った式でも、式のつくり方はいつもと同じです。

□を数字だと思って式をつくりましょう。

ただし、「＝」の書き方には注意しましょう。

（1）①

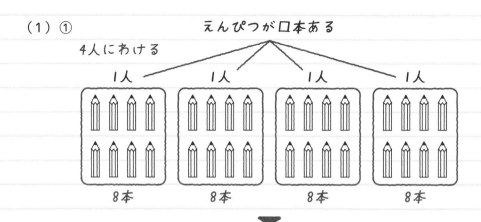

えんぴつが□本ある

4人にわける

| 1人 | 1人 | 1人 | 1人 |

8本　　8本　　8本　　8本

▼

□本を4人でわけたら1人が8本になる

$$□ ÷ 4 = 8$$
$$□ = 8 × 4$$
$$□ = 32$$

答え　32本

「＝」はそろえて計算する。

102

（1）②　①と同じように考えてみましょう。

□本を4人でわけたら1人が8本になる

▼

36をある数□でわったら9になる

$36 \div □ = 9$
$□ = 36 \div 9$ ← 逆算に注意する
$□ = 4$　　　答え　4

（2）

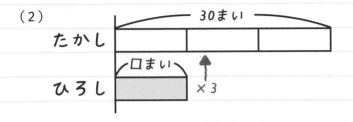

▼

ひろしのカード　□　の3倍が
たかしのカード30まいになる

$□ \times 3 = 30$
$□ = 30 \div 3$
$□ = 10$　　　答え　10まい

（3）$80 \div 7 = 11$あまり3

たしかめ……わられる数＝わる数×商＋あまり

答え　11まい買えて3円あまる
たしかめ　$7 \times 11 + 3 = 80$

23 小数・分数の文章題で つまずく

4・5・6年生

小数や分数になると解き方がわからなくなってしまう子がいます。「もし整数だったらどう解くのか」を考えてみるといいでしょう。

▶ 問題

式をつくって答えましょう。

（1）みちこさんのリボンの長さは6m、
　　　弟のリボンの長さは4mです。
　　　みちこさんのリボンの長さは弟のリボンの長さの
　　　何倍ですか。（4年生）

（2）たかし君はある数に3.5をかけるのを、まちがえて
　　　ある数に3.5をたしてしまったので、
　　　答えが9.7になってしまいました。
　　　かけ算の正しい答えはいくつですか。（5年生）

（3）①1mの重さが$1\frac{1}{4}$kgのぼうがあります。
　　　　このぼう$1\frac{3}{5}$mの重さは何kgですか。（6年生）

　　　②1dLでかべを$1\frac{1}{3}$m²ぬれるペンキがあります。
　　　　$2\frac{2}{5}$m²ぬるためには何dLのペンキが
　　　　いりますか。（6年生）

ココでつまずく!!

（1） $6 \times 4 = 24$

答え　~~24倍~~

わり算ではわりきれないと思い、
倍という言葉からかけ算にしてしまいました。

（2） $9.7 - 3.5 = 6.2$

答え　~~6.2~~

もとめる答えは「かけ算の正しい答え」です
ある数ではありません

（3）① $\boxed{1\dfrac{3}{5} \div 1\dfrac{1}{4}}$ ▶ 適当に分数をわり算してしまいました

$$= \frac{8}{5} \div \frac{5}{4}$$

$$= \frac{8}{5} \times \frac{4}{5}$$

$$= \frac{8 \times 4}{5 \times 5}$$

$$= \frac{32}{25} = 1\frac{7}{25}$$

答え　~~$1\dfrac{7}{25}$kg~~

② $\boxed{1\frac{1}{3} \times 2\frac{2}{5}}$ ➡ 面積と面積をかけ算してしまいました

$$= \frac{4}{3} \times \frac{12}{5}$$

$$= \frac{4 \times \cancel{12}^{4}}{\cancel{3} \times 5}$$

$$= \frac{4 \times 4}{1 \times 5}$$

答え $\cancel{3\frac{1}{5}}$ dL

$$= \frac{16}{5} = 3\frac{1}{5}$$

①②とも分数になると、答えのまとめ方が
わからなくなってしまっています

🌸 花まるはこう考えて、解決します！

（1）　**ポイント**　「何倍ですか」がわからないときは、

図を書いて比べてみましょう。

ちなみに「AはBの何倍ですか」→A÷Bとなります。

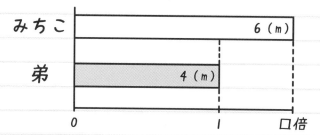

弟のリボンの長さの4mを1とみたとき、

みちこさんのリボンの長さの6mは

1.5にあたります。

$$6 \div 4 = 1.5$$

答え　1.5倍

（2）この問題でもとめるのは「かけ算の正しい答え」です。

だから答えは「ある数×3.5」の答えとなります。

ある数に3.5をたしてしまったら9.7になった ことから、

ある数を□とすると、

$$□＋3.5＝9.7$$
$$□＝9.7－3.5$$
$$□＝6.2$$

▼

かけ算の正しい答え　$6.2×3.5＝21.7$

答え　21.7

（3）　**ポイント**　数字が分数になるとわからなくなってしまうときは、

整数におきかえて問題を考えるとわかります。

おきかえる整数は2や4など偶数にすると計算しやすいです。

① たとえば $1\frac{1}{4}kg$ ➡ 2kg、$1\frac{3}{5}m$ ➡ 4m にする

すると問題は、「1mの重さが2kgのぼうがあります。

このぼう4mの重さは何kgですか」となります。

$$2（kg）×4（m）＝8（kg）$$

▼

計算式は同じだから

$2kg$ ➡ $1\frac{1}{4}kg$、$4m$ ➡ $1\frac{3}{5}m$ にもどします。

（3）①

$$1\frac{1}{4}(kg) \times 1\frac{3}{5}(m)$$

$$= \frac{5}{4} \times \frac{8}{5} \quad \cdots\cdots 仮分数になおして、ナナメで約分$$

$$= 2 \qquad\qquad 答え \quad \underline{2kg}$$

② ①と同じように整数におきかえると

たとえば $1\frac{1}{3}m^2 \longrightarrow \underline{2m^2}$ 、$2\frac{2}{5}m^2 \longrightarrow \underline{4m^2}$ とする

すると問題は、「1dL でカベを2m²ぬれるペンキがあります。
4m²をぬるためには何 dL のペンキがいりますか」になります。

▼

$$4(m^2) \div 2(m^2) = 2(dL)$$

計算式は同じだから数字をもとの分数にもどします。

▼

$$2\frac{2}{5}(m^2) \div 1\frac{1}{3}(m^2)$$

$$= \frac{12}{5} \div \frac{4}{3}$$

$$= \frac{12}{5} \times \frac{3}{4} \quad \cdots\cdots ナナメで約分$$

$$= \frac{9}{5}$$

$$= 1\frac{4}{5} \qquad\qquad 答え \quad \underline{1\frac{4}{5}dL}$$

第

5

章

数 単 時
の 位 計
性 ・ ・
質

24 時計でつまずく

1・2・3年生

時計を見る機会を増やしましょう。「何時には出かけるよ。何時から宿題をやろうね」など普段から時間を意識した声かけをすることです。

▶ 問題

（1）なんじですか。（1年生）

（2）公園で午前中からあそんでいました。

あそんでいた時間を答えましょう。（2年生）

あそびはじめた時間

あそびおわった時間

（3）午後4時10分から35分前の時こくを答えましょう。（3年生）

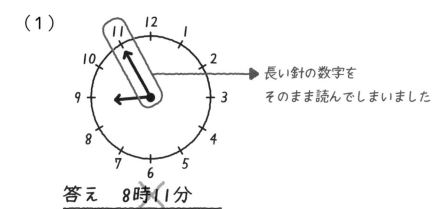

ココでつまずく!!

（1）

長い針の数字を
そのまま読んでしまいました

答え　8時11分

（2）

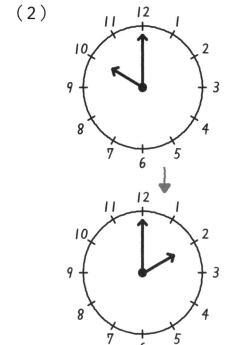

$10-2=8$

答え　8時

2時〜10時を数えてしまいました
さらに時間と時こくの区別が
ついていません

（3）答え　3時　25分

「35分ー10分」としてしまいました
また午前、午後を書いていません

（1）**ポイント** 長い針は5とびの数で数えます。

たとえば長い針が1を指せば5分（ごふん）

　　　　　　　　　2→10分（じゅっぷん・じっぷん）

　　　　　　　　　3→15分（じゅうごふん）

　　　　　　　　　4→20分（にじゅっぷん・にじっぷん）

　　　　　　　　　5→25分（にじゅうごふん）

　　　　　　　　　6→30分（さんじゅっぷん・さんじっぷん）

　　　　　　　　　7→35分（さんじゅうごふん）

　　　　　　　　　8→40分（よんじゅっぷん・よんじっぷん）

　　　　　　　　　9→45分（よんじゅうごふん）

　　　　　　　　　10→50分（ごじゅっぷん・ごじっぷん）

　　　　　　　　　11→55分（ごじゅうごふん）

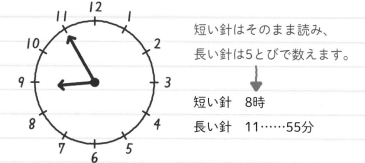

短い針はそのまま読み、

長い針は5とびで数えます。

短い針　8時

長い針　11……55分

答え　　8時55分

（2） **ポイント** 時間を数えるときは午前と午後にわけて数えましょう。

時間と時こくを区別できない子には

「今の時こくは何時何分？」ときくようにしましょう。

あそびはじめた時間

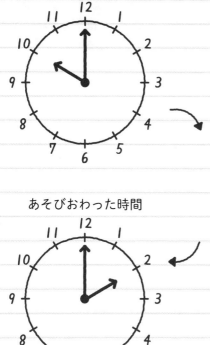

正午

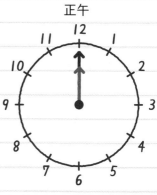

あそびおわった時間

午前10時から正午…2時間

正午から午後2時…2時間

2＋2＝4

答え　4時間

（3） **ポイント** 時こくを図にしてみましょう。

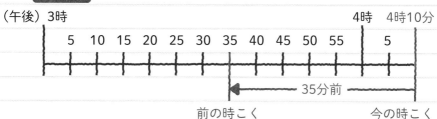

答え　午後3時35分

25 単位でつまずく①

2・3年生

単位は多くの子が苦手にする分野です。一番いいのは、巻き尺やはかりなどを使って実体験を通して単位の感覚を身につけることです。

▶ 問題

次の□に入る数を計算しましょう。

（1）① 3m9cm ＝□ cm （2年生）

② 2L6dL ＋3L7dL ＝□ L □ dL ＝□ mL （2年生）

（2）① 64km ＝□ m （3年生）

② 3kg400g －1kg600g ＝□ kg □ g （3年生）

ココでつまずく!!

（1）① 3m9cm ＝ 390cm
→ 9の位の位置をまちがえてしまいました

② 2L6dL ＋3L7dL

＝5L13dL ────→ 13dL がそのままで L になおっていません

＝5130mL ────→ 13dL は130mL ではありません

（2）① 64km ＝6400m ──▶ 1km は100m ではありません

② 3kg400g －1kg600g

＝ 2kg200g ──▶ 「600g－400g」をしてしまいました

花まるはこう考えて、解決します！

ポイント 小学2・3年生でつまずきやすい「長さ」「かさ」「重さ」

の単位の変換は次の図を参考にしましょう。

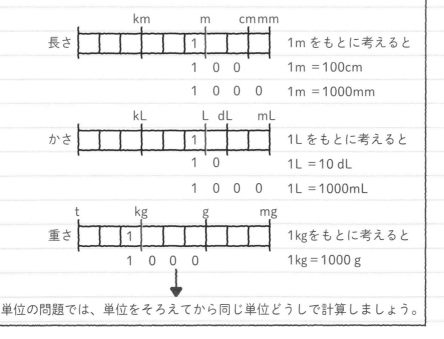

単位の問題では、単位をそろえてから同じ単位どうしで計算しましょう。

（1）① 3m9cm

問題は cm で答えるので「m」を「cm」にそろえます。

1m ＝100cm より

3m ＝300cm

↓

300（cm）＋9（cm）

＝309（cm）

答え　309（cm）

（1）② 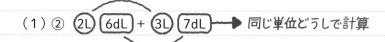 ➡ 同じ単位どうしで計算

= 5L13dL

➡ 10dL ＝1L だから

= 5L ＋1L3dL

13dL は1L3dL

➡ 同じ単位どうしで計算

= 6L3dL

次に「mL」に単位をそろえるので

1L ＝1000mL だから　6L ＝6000mL

1dL ＝100mL だから　3dL ＝300mL

↓

6000（mL）＋300（mL）＝6300（mL）

答え　6(L)3(dL)、6300(mL)

（2）① 単位を「m」にそろえるには

1km ＝1000m だから

64（km）＝64000（m）　　　答え　64000（m）

② 3kg400g － 1kg600g

「400－600」ができないから

3kgから

=  1kg＝1000gをかりてくる

同じ単位どうしで計算

= 1kg800g

答え　1(kg)800(g)

26 単位でつまずく②

4・5年生

面積と体積の単位は大きな数になるので計算ミスをしやすくなります。正方形
や立方体をもとにして、単位を考えましょう。

▶ 問題

次の□に入る数を計算しましょう。

（1）18a ＋3ha ＝□㎡（4年生）

（2）1500000cm³＋2m³＝□ cm³（5年生）

（3）2L ＋6000cm³＝□ L（5年生）

ココでつまずく‼

（1）　18a ＋3ha

＝180000㎡＋300㎡ → aと ha の単位を
逆に覚えています

＝180300㎡

（2）　1500000cm³＋2m³

＝1500000cm³＋ 20000cm³ → 面積の単位
1m²＝10000cm²
とまちがえています

＝1520000cm³

（3）　2L ＋ 6000cm³　cm³を L に
正しくかえられませんでした

＝2L ＋ 60L

＝62L

ポイント 面積の単位をたしかめましょう。

正方形の面積＝一辺×一辺

㊀ 1m ×1m ＝1m²

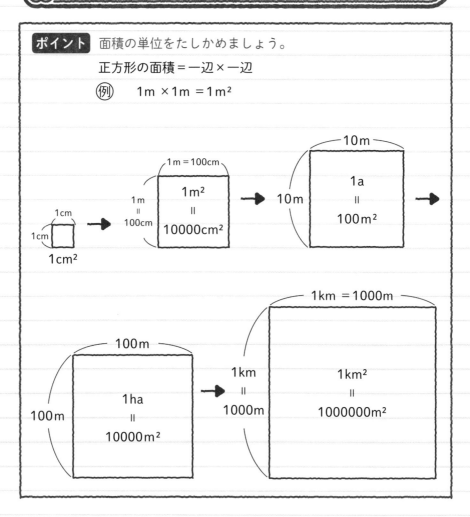

（1） 18a ＋3ha

1a ＝100m² 1ha ＝10000m² →単位をm²にそろえる

だから18a と3ha を m²になおすと

1800 （m²）＋30000 （m²）＝31800 （m²）

答え 31800(m²)

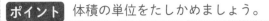

ポイント 体積の単位をたしかめましょう。

立方体の体積＝一辺×一辺×一辺

（例） 1m ×1m ×1m ＝1m³

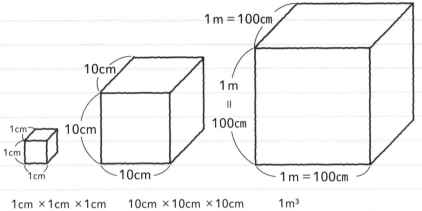

1cm ×1cm ×1cm
＝1cm³

10cm ×10cm ×10cm
＝1000cm³＝1L

1m³
＝1m ×1m ×1m
＝100cm ×100cm ×100cm
＝1000000cm³

（2）1m³＝1000000cm³ より

単位を cm³にそろえる

2m³＝2000000cm³

1500000cm³ ＋2m³

＝1500000（cm³）＋2000000（cm³）

＝3500000（cm³）

答え　3500000（cm³）

（3）1000cm³＝1L より

単位を Lにそろえる

6000cm³＝6L

2（L）＋6000（cm³）

＝2（L）＋6（L）

＝8（L）

答え　8（L）

27 がい数で つまずく

4年生

四捨五入や以上・以下・未満などの言葉の意味とつまずきやすいポイントさえ
押さえれば、意外に克服しやすい単元です。

▶ 問題（4年生）

（1）①58542を百の位を四捨五入してがい数にしましょう。

　　②3549を四捨五入して上から2ケタのがい数にしましょう。

（2）ある川の長さを四捨五入して十の位までのがい数にしたら
　　260kmでした。川の長さとして考えられる数のはんいを
　　答えましょう。

（3）バスに乗って194人で遠足に出かけました。バス代は
　　全部で80510円かかりました。1人分のバス代はおよそ
　　いくらですか。四捨五入して上から1ケタのがい数にして
　　見積もりましょう。

✖ココでつまずく‼

（1）①58542→58000

　　　5を切り捨ててしまいました

　　②3549→4000

　　　上から2ケタ目を四捨五入してしまいました

（2）255km 以上 264km 以下

　　　264.5km などを考えていません

（3）80510÷194＝415　答えは正しいですが、
　　　　　　　　　　　「見積もり」の計算手順
　　　答え　400円　がまちがっています

花まるはこう考えて、解決します！

> **ポイント** がい数にするときは「どの位を四捨五入するか」
> に気をつけましょう。
>
> 四捨五入のおさらい
> 0、1、2、3、4は切り捨て
> 5、6、7、8、9は切り上げ

（1）① 百の位を四捨五入する場合、百の位を四捨五入し、
     十の位以下は0にします。

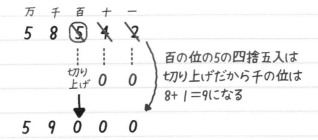

② 上から2ケタのがい数にする場合、
   上から3ケタ目を四捨五入します。

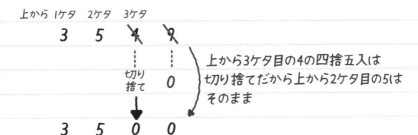

┌───┐
│ **ポイント** 数のはんいを答えるときは「以下、以上、未満」 │
│ の使い方に気をつけましょう。 │
│ │
│ □□以上、□□以下 ……………………………… □□をいれる │
│ □□未満 ……………………………………………… □□をいれない │
│ □□より 大きい、□□より 小さい …… □□をいれない │
│ **注意** はんいは整数だけでなく、小数点以下も │
│ 考えなくてはいけない場合もあります。 │
└───┘

（2）四捨五入して十の位までのがい数にします。

一の位を四捨五入します。

この問題は数直線ではんいを考えてみましょう。

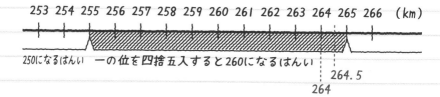

　　　　　　　たとえば、264 km 以下とすると
　　　　　　　264.5 km ははんいにはいりません

整数だけで考えてしまうと、255km～264kmがはんいのように思って
しまいますが、数直線を書くと上の図のように264km～265kmの間
（たとえば264.5km）にも一の位で四捨五入すると260kmになるはんい
があります。ですから、答えは264km以下ではなく、265km未満と
答えなければなりません。

答え　255km 以上265km 未満

122

> **ポイント** 見積もりの問題は、それぞれの数字を
> がい数にしてから計算するのがルールです。
>
> 問題は、「四捨五入して上から1ケタのがい数にして
> 見積もる」
>
> ↓
>
> 上から2ケタ目を四捨五入します。

バスに乗って194人で出かける　194人→約200人

上から2ケタ目

バス代は全部で80510円　80510円→約80000円

上から2ケタ目

1人分のバス代は全部のバス代を人数でわったものなので、

↓

80000÷200＝400

答え　㉁ 400円

↓

それぞれの数をがい数にして計算しているため、
「見積もり」の答えには「約」をつけるのが基本です。

28 偶数と奇数で つまずく

5年生

偶数と偶数、奇数と奇数、偶数と奇数、それぞれの和や積の特徴を知っていると、算数の思考力問題（虫食い算など）で役に立ちます。

▶ 問題（5年生）

（1）0から20までの整数のうち、
　　　偶数、奇数はそれぞれ何こありますか。

（2）1、2、3の3つの数字を1回ずつ使ってできる3ケタの整数のうち、
　　　いちばん大きい偶数はいくつですか。

（3）次の計算の答えは、偶数、奇数のどちらになりますか。

　　　①偶数＋奇数

　　　②奇数－奇数

　　　③奇数×奇数

ココでつまずく!!

（1）　偶数 ⓪、2、4、6、8、10、12、14、16、18、20
　　　　奇数　　1、3、5、7、9、11、13、15、17、19

0が偶数であることを忘れてしまいました

答え　偶数…10こ
　　　奇数…10こ

（2）　1、2、3の3つの数字を1回ずつ使って
　　　できるだけ大きな数字をつくるには
　　　大きい位のほうから大きい数字をならべる

答え　32①　→　答えは偶数です
　　　　　　　　一の位が奇数になると
　　　　　　　　その数は2でわり切れません

（3）　①偶数　┐
　　　　②奇数　├→　①〜③は数字をあてはめて
　　　　③奇数　┘　　計算すればわかります

> **ポイント** 偶数・奇数の特ちょうを理解しましょう。
>
> 偶数……2×整数、2でわり切れる整数
> 奇数……2×整数＋1、2でわり切れない整数
> 0……偶数

（1）

偶	0	2	4	6	8	10	12	14	16	18	20
奇		1	3	5	7	9	11	13	15	17	19

0+1　2+1　4+1　6+1　8+1　10+1　12+1　14+1　16+1　18+1

答え　偶数…11こ
　　　奇数…10こ

（2）2ケタ以上の整数では「一の位が偶数ならその整数は
偶数」です。

3つの数字1、2、3の中で
偶数は2だけです。

答えは「3ケタの整数でいちばん大きな偶数」なので、
残り1と3のうち、大きいほうは3だから百の位は③

答え　312

（3）　この問題は実際に数字をあてはめて計算しましょう。

①たとえば……

$$2 + 1 = 3$$
（偶数）　（奇数）　（奇数）

答え　奇数

②たとえば……

$$3 - 1 = 2$$
（奇数）　（奇数）　（偶数）

答え　偶数

③たとえば……

$$5 × 7 = 35$$
（奇数）　（奇数）　（奇数）

答え　奇数

29 倍数・約数で つまずく

5年生

倍数や約数をすばやく、もれなく答えるためには、九九が盤石であることが必要です。基本の手順に従って地道に書き出す練習をしましょう。

▶ 問題（5年生）

（1）①7の倍数を小さいほうから3つ答えましょう。

②3と5の公倍数で100にいちばん近い数を答えましょう。

③8、12、18の最小公倍数を答えましょう。

（2）①36の約数をすべて答えましょう。

②48と60の公約数をすべて答えましょう。

③たて12cm、横20cm の長方形の紙にすき間なく同じ大きさの正方形の紙をしきつめます。できるだけ大きい正方形をしきつめるとき、正方形の一辺の長さを何 cm にすればいいですか。

✕ ココでつまずく‼

（1）① 7、14、28 ✕

　　　　→ 全部「7の倍数」ですが、
　　　　小さい方から3番目の倍数である21が
　　　　ぬけ落ちてしまいました

（1）② 3と5の最小公倍数は15

15、30、45、60、75、⑨⓪　　答え　~~90~~

100に近い数がかならず100より小さいとは限りません

③ 8 → 8、16、24、㉊、40……

12→12、24、36

18→18、36

答え　~~36~~

8の段の九九をまちがえています

（2）① 答え　2、3、4、~~6~~、9、12、36
　　　　　　 1　　　　　　　　 18

➡ 1と18がぬけ落ちていることに気づいていません

② 48の約数　1、2、3、4、12、16、24、48
　　　　　　　　　　　　6　8

60の約数　1、2、3、4、6、10、15、20、30、60
　　　　　　　　　　　　5　　　12

答え　1、~~2~~、3、4　➡ 6と12がぬけ落ちてしまいました

③ たて…12、24、36、48、60

横…20、40、60　　　　　　答え　~~60cm~~

たてと横の最小公倍数を求めてしまいましたが、
60cmではたて12cm、横20cmの紙におさまりません

ポイント 倍数・約数はぬけ落ちがないように気をつけて
決められた手順通りに書き出しましょう。

（1）① 7の倍数は7の段の九九を小さいほうから書きましょう。

0は倍数に入りません。

$7×1$、$7×2$、$7×3$ ➡ 小さいほうから3つの倍数

→ 7、 14、 21

答え 7、14、21

② 2つの数の公倍数を見つけるときは、まず最小公倍数
を求めましょう。その求めた最小公倍数の倍数が2つの数の
公倍数です。

⬇

大きい数の倍数から書くとはやく見つけられます。

5の倍数…5、10、⑮ ◀――――3でわれると気づく
3の倍数…3、6、9、12、⑮

⬇

3と5の最小公倍数は15だから
15の倍数で「100に近い数」を調べます。

⬇

15の倍数…15、30、45、60、75、⑨⓪ ⑩⑤

100よりも大きい15の倍数の105は、
90よりも100に近いことがわかります。

答え 105

③ 最小公倍数をさがすときは、大きい数の倍数から
書きましょう。

18の倍数…18、36、54、㊲ ◄───── 12、8でわれると気づく

12の倍数…12、24、36、48、60、㊲

8の倍数…8、16、24、32、40、48、56、64、㊲

答え　72

（２）① 約数を考えるときは、次のようにかけ算のセットで
書き出しましょう。

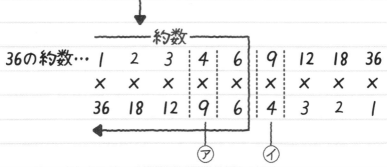

㋐と㋑のようにかける数とかけられる数がひっくり
返るポイントがあるので、約数さがしはここで終わりです。

答え　1、2、3、4、6、9、12、18、36

（2）② まず、48と60の約数をそれぞれ書き出します。

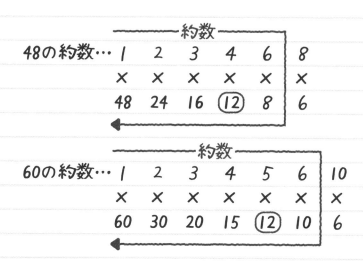

48と60の公約数とは、48と60の最大公約数の約数です。

↓

48と60の最大公約数は12。

↓

12の約数が48と60の公約数になります。

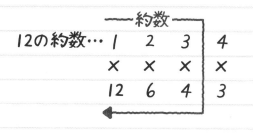

答え 1、2、3、4、6、12

（2）③　この問題は図でイメージできるようにしましょう。

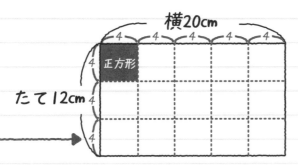

■の正方形を大きくしたい ＝■の正方形の面積を大きくしたい

という意味です。

「正方形の面積＝1辺×1辺」なので

1辺の長さが大きくなれば、正方形の面積も大きくなります。

⬇

たて12cmと横20cmがわり切れる

最大の数が1辺の長さの最大になります。

⬇

つまり、12と20の最大公約数が答えになります。

たて12cm…1、2、3、④、6、12

横20cm…1、2、④、5、10、20

⬇

最大公約数4　　　　　　　答え　　4cm

1辺4cmの正方形が、たて12cmと横20cmの紙に

ちゃんと入るか上の図のように書いてみれば

たしかめられます。

第 **6** 章

単位あたりの
大きさ・
割合・比

30 平均で つまずく

5年生

平均でつまずきやすい3題を取り上げました。もし3題とも正解できていれば、平均の単元は理解していると言ってもいいでしょう。

▶ 問題（5年生）

（1）たかしくんは漢字テストを5回受けました。その結果が以下の表です。
　　　5回のテストの平均点は何点ですか。

1回	2回	3回	4回	5回
6点	7点	5点	6点	0点

（2）こうじくんは算数のテストを4回受けて、平均点が78点でした。
　　　次の5回目のテストで何点をとれば、5回の平均点が80点になり
　　　ますか。

（3）男子22人、女子18人のクラスで算数のテストをしました。
　　　男子の平均点は65点、女子の平均点は67点でした。
　　　クラス全体の平均点は何点ですか。

✗ **ココでつまずく!!**

（1）

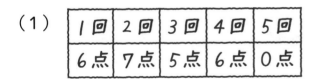

1回	2回	3回	4回	5回
6点	7点	5点	6点	0点

6 ＋ 7 ＋ 5 ＋ 6 ＝ 24

24 ÷ 4 ＝ 6

答え　6点

5回｜0点なので回数に
0点｜入れませんでした

（2）　80 － 78 ＝ 2

80 ＋ 2 ＝ 82

答え　82点

平均点の意味をわかっていません

（3）　65 ＋ 67 ＝ 132

132 ÷ 2 ＝ 66

答え　66点

男子と女子の平均点をたして
男子と女子だからといって2でわっても
正しい平均点を出すことはできません

> **ポイント** 平均点の問題は次の2つの式で解きます。
>
> 平均 ＝ 合計 ÷ 個数
> 合計 ＝ 平均 × 個数

（1）平均点を求めるときは、0点や0ページもふくめて計算します。

1回	2回	3回	4回	5回
6点	7点	5点	6点	0点

5回のテストの合計点　6＋7＋5＋6＋0＝ 24

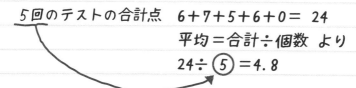

平均＝合計÷個数　より

24÷ ⑤ ＝4.8

答え　4.8点

（2）5回目のテストの点数を求めるには、4回目までのテストの
合計点と5回目までのテストの合計点が必要です。

4回目までの合計点＝4回分の平均点×4回

78×4＝312

5回目までの合計点＝5回分の平均点×5回

80×5＝400

5回目のテストの点数＝5回目までの合計点ー4回目までの合計点

400－312＝88

答え　88点

（3）クラス全体の平均点を求めるには、
　　クラス全体の合計点が必要です。

男子の合計点＝男子の平均点×男子の人数
$$65 \times 22 = 1430$$

女子の合計点＝女子の平均点×女子の人数
$$67 \times 18 = 1206$$

クラス全体の合計点＝男子の合計点＋女子の合計点
$$1430 + 1206 = 2636$$

クラス全体の平均点＝クラス全体の合計点÷クラス全体の人数

クラス全体の人数＝男子の人数＋女子の人数
$$22 + 18 = 40$$

クラス全体の平均点　$2636 \div 40 = 65.9$

答え　65.9点

31 単位あたりの大きさで つまずく

5年生

「3本で120円と4本で200円のキュウリではどっちが安いかな？」。単位あたりの大きさを勉強するにはお買い物がうってつけです。

▶ 問題（5年生）

（1）2mの重さが60gの針金があります。

この針金180gは何mですか。

（2）A公園は20m²で8人の子どもが遊んでいます。

B公園は30m²で15人の子どもが遊んでいます。

どちらの公園のほうがこんでいますか。

╳ ココでつまずく!!

（1）180 ÷ 60 ＝ 3　　　答え　3m

出てきた数字をなんとなく計算
しているだけで意味をわかっていません

（2）A公園……20÷8＝2.5
　　　B公園……30÷15＝2　　　答え　A公園

何を求める計算かをわからず、答えを出してしまいました

🌸 花まるはこう考えて、解決します！

ポイント 単位量あたりの大きさとは、「1人あたり、1mあたり、
1kgあたりなどの大きさ」のことなので単位が大切です。
わからないときは式に単位をつけましょう。

（1）まず、<u>1mあたりの針金の重さを求めます。</u>

⬇

$60（g）÷2（m）＝30（g）$

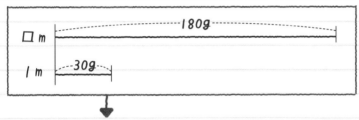

$1m＝30g$が□m分で$180g$になる。
$180÷30＝6（m）$　　　　　　　　**答え　6m**

（2）

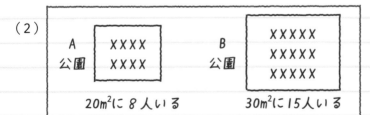

問題を<u>図に表しても</u>、AとBを比べるのは難しいので、
それぞれの<u>1m²あたりの人数</u>で比べます。

⬇

A公園……$8（人）÷20（m^2）＝0.4（人）$
B公園……$15（人）÷30（m^2）＝0.5（人）$
1m²あたりにA公園は0.4人、B公園は0.5人　　**答え　B公園**
だからB公園のほうがこんでいます。

32 割合で つまずく①

5年生

割合を表す数、百分率、歩合を別なものだと考えている子がいます。百分率・歩合を、割合を表す数に正確になおせることが割合の基本です。

▶ 問題（5年生）

（1）40.8％を割合を表す小数で表しましょう。

（2）割合を表す1.75を歩合で表しましょう。

✖ ココでつまずく!!

（1）　~~40.8~~

↓

％をとったのが小数だとかんちがいしてしまいました

（2）　~~1割7分5厘~~

↓

1を1割だと思ってしまったため、分と厘もまちがえてしまいました

1は10割です

花まるはこう考えて、解決します！

[ポイント] 割合の問題を解くために3つのことを身につけましょう。

㋐ 割合を表す数 1⇔10割⇔100%

割合を表す数	1	0.1	0.01	0.001
百分率	100%	10%	1%	0.1%
歩合	10割	1割	1分	1厘

㋑ 百分率・歩合は割合を表す数になおして計算

㋒ もとにする量×割合＝比べられる量（公式）

（1） 割合を表す数 ―×100→ 百分率、百分率 ―÷100→ 割合を表す数 より

40.8%を割合を表す数になおすには

40.8 ÷100 ＝0.408　　答え　0.408

（2） 割合の1.75は1＋0.7＋0.05だから

㋐ 1⇒10割、0.1⇒1割、0.01⇒1分 より

1⇒10割、0.7⇒7割、0.05⇒5分

↓ たすと

17割5分　　答え　17割5分

33 割合で つまずく②

5年生

得意な公式を一つ覚えてしまえば割合の問題は解けます。あえてこの本では「もとにする量×割合＝比べられる量」だけで解説しています。

▶問題

□にあてはまる数を答えましょう。（5年生）

（1）260円の5割は□円です。

（2）□ページの2倍は30ページです。

（3）40人は200人の□％です。

✕ ココでつまずく‼

（1）260×5＝1300　　　答え　1300円

5割を割合を表す数で5にしてしまいました。
5割は0.5です

（2）30×2＝60　　　答え　60ページ

60ページの2倍は30ページではないので、まちがっています

（3）200÷40＝5　　　答え　5％

比べられる量、もとにする量、さらに百分率でもまちがえてしまいました

花まるはこう考えて、解決します！

> **ポイント**　割合の問題は次のように考えましょう。
>
> ㋐　もとにする量、比べられる量が何かを考える
> ㋑　㋐に自信がないときは、線分図を書いてたしかめる
> ㋒　「もとにする量×割合＝比べられる量」の公式にあてはめる

（1）　㋐　もとにする量　　　　　　　　　　　比べられる量

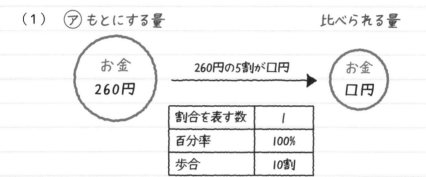

割合を表す数	1
百分率	100%
歩合	10割

㋑　線分図を書く

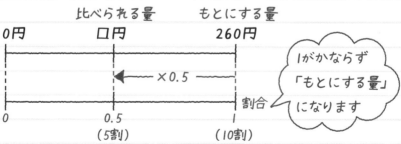

1がかならず「もとにする量」になります

㋒　もとにする量×割合＝比べられる量 より

比べられる量…260×0.5
　　　　　　＝130　　　答え　130円

（2）ア もとにする量　　　　　　　比べられる量

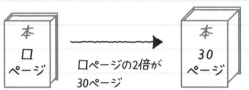

イ 線分図を書く
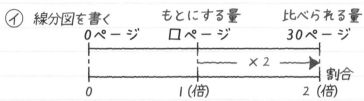

ウ もとにする量×割合＝比べられる量 より

$$□ × 2 = 30$$
$$□ = 30 ÷ 2$$
$$□ = 15$$

答え　15ページ

（3）この問題は「200人の□％が40人」と読みかえます。

ア もとにする量　　　　　　　比べられる量

イ 線分図を書く　比べられる量　　　　　もとにする量

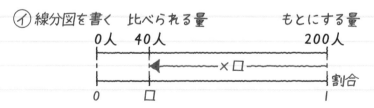

ウ もとにする量×割合＝比べられる量 より

$$200 × □ = 40$$
$$□ = 40 ÷ 200$$
$$□ = 0.2 … 割合$$

答えは％なので

$$0.2 × 100 = 20$$

答え　20％

146

34 割合で つまずく③

5年生

割合を「倍の計算」だと考えられるようになると、「割引き・割増し」の問題でも0.85倍や1.05倍という考え方ができるようになります。

▶ 問題（5年生）

（1）定価2000円のシャツを15％引きで売りました。
　　売った値段はいくらですか。

（2）よういちくんの学校の児童数は、今年は去年よりも5％
　　増えて840人でした。よういちくんの学校の去年の児童数は
　　何人ですか。

✕ ココでつまずく‼

（1）$2000 \times 0.15 = 300$　　答え　~~300円~~

↓

300円は値引きした分の値段です

（2）$840 \times 0.05 = 42$
$840 - 42 = 798$

答え　~~798人~~

↓

増えた5％のもとになる人数を
去年の人数ではなく、
今年の人数にしてしまいました

147

花まるはこう考えて、解決します！

（1） ㋐ もとにする量　　　　　　　比べられる量

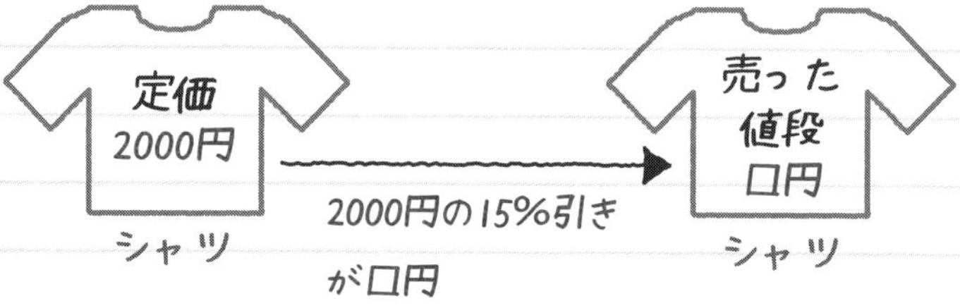

㋑ 線分図を書く

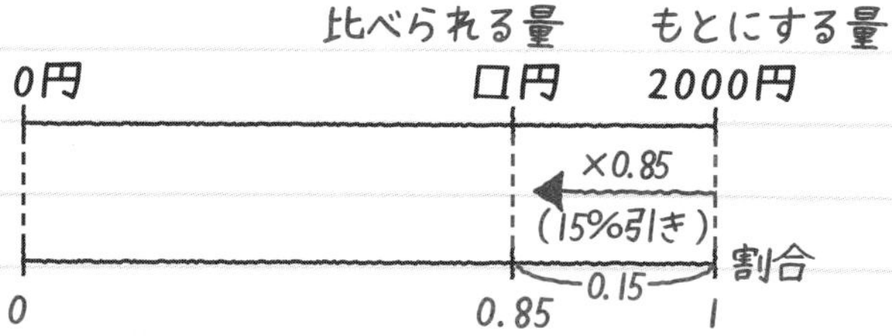

㋒ もとにする量×割合＝比べられる量 より

売った値段が比べられる量だから、

売った値段…$2000 \times (1-0.15)$

$= 2000 \times 0.85$

$= 1700$

答え　1700円

（2）「去年よりも5%増えて、今年は840人になった」

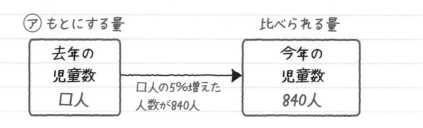

㋐ もとにする量　　　　　　　比べられる量

去年の
児童数
□人

□人の5%増えた
人数が840人

今年の
児童数
840人

㋑ 線分図を書く

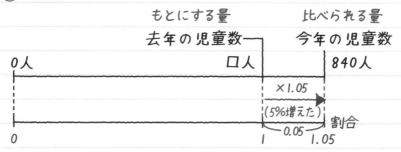

もとにする量　　　　　比べられる量
去年の児童数━━　　　今年の児童数

0人　　　　　　　□人　　　840人

×1.05
(5%増えた)　　割合
0.05
0　　　　　　　1　　1.05

㋒ もとにする量×割合＝比べられる量 より

去年の児童数（□人）がもとにする量だから、

$$□ × (1 + 0.05) = 840$$
$$□ × 1.05 = 840$$
$$□ = 840 ÷ 1.05$$
$$= 800$$

答え　800人

35 比で
6年生
つまずく①

分数計算での約分と同じように、比の計算では「比を簡単にする」手順を身につけることが、計算まちがいをしないためにとても重要になります。

▶問題（6年生）

（1）次の比の値を求めましょう。

① 3：12　　　　② $\dfrac{5}{6}$：$\dfrac{1}{3}$

（2）次の比を簡単にしましょう。

① 18：24　　② 2：1.8

③ $\dfrac{4}{5}$：$\dfrac{2}{3}$　　④ 3m：60cm

（3）□に入る数を求めましょう。

① □：22 ＝ 9：6　　② 1.2：0.8 ＝ □：6

×ココでつまずく!!

（1）① $\dfrac{3}{12}$ ⟶ 約分をしていません

② $\dfrac{5}{6} \times \dfrac{1}{3} = \dfrac{5}{18}$ ⟶ 分数になるとやり方がわからず、かけ算してしまいました

（2）①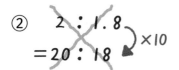

18 : 24
= 9 : 12 $\overset{\curvearrowright}{}$÷2

もっと簡単にできるのに
わり算を1回で終えてしまいました

② 2 : 1.8
= 20 : 18 $\overset{\curvearrowright}{}$×10

整数にしただけで終えてしまいました
もっと簡単にできます

③ $\dfrac{4}{5}$: $\dfrac{2}{3}$ $\overset{\curvearrowright}{}$通分

$\dfrac{12}{15}$: $\dfrac{10}{15}$

通分で終えてしまいました
分母をはらって分子ももっと簡単に
できます

④ 3m : 60cm
= 1 : 20 $\longrightarrow$

単位をそろえず、そのまま
簡単な比にしてしまいました

（3）① 22 ÷ 6 = ⟨3.6⟩

9 × 3.6 = 32.4

わり切れないのにそのまま
計算を進めてしまいました

② 1.2 : 0.8 = □ : 6

12 : 8 = □ : 6

⟨12 ÷ 6⟩ = 2

8 ÷ 2 = 4

左右の前と後ろの数字を取りちがえてしまいました

> **ポイント** 比の値は次のように計算しましょう。
>
> $A:B$ の「比の値」は … $\dfrac{A}{B}$ または $A \div B$
>
> ※分数の場合は約分をしましょう

（1）① $3:12$ ▶ $\dfrac{3}{12}$

$= \dfrac{1}{4}$

または

$3:12$ ▶ $3 \div 12$

$= 0.25$ 　　　**答え** $\dfrac{1}{4}$ または 0.25

② $\dfrac{5}{6} : \dfrac{1}{3}$ ▶ $\dfrac{5}{6} \div \dfrac{1}{3}$

$\underbrace{\phantom{\dfrac{5}{6} : \dfrac{1}{3}}}_{A:B}$ ▶ $\underbrace{\phantom{\dfrac{5}{6} \div \dfrac{1}{3}}}_{A \div B}$

$\dfrac{5}{6} \times \boxed{\dfrac{3}{1}}$ ——→ 逆数をかける

$= \dfrac{5 \times \overset{1}{\cancel{3}}}{\underset{2}{\cancel{6}} \times 1}$ ——→ ナナメで約分する

$= \dfrac{5}{2} = 2\dfrac{1}{2}$ 　　　**答え** $2\dfrac{1}{2}$

ポイント 比を簡単にしましょう。

ⓐ 整数の場合、最大公約数でわる

ⓘ 小数の場合、整数にして最大公約数でわる

ⓤ 分数の場合、分母どうしの最小公倍数を
　 かけて、さらに最大公約数でわる

ⓔ 単位がつく場合、単位をそろえて簡単にする

ⓞ これ以上、簡単にできないかたしかめる

（2） ① $\quad 18 : 24$
$\quad = 18 \div \boxed{6} : 24 \div \boxed{6}$ →18と24の最大公約数「6」でわる
$\quad = 3 : 4$

答え　3 : 4

② $\quad 2 : 1.8$
$\quad = 2\boxed{\times 10} : 1.8\boxed{\times 10}$ → 小数は整数にする

(注意) 比は小数だけでなく、
　　　 両方に10をかける

$\quad = 20 : 18$
$\quad = 20 \div \boxed{2} : 18 \div \boxed{2}$ →20と18の最大公約数「2」でわる
$\quad = 10 : 9$

答え　10 : 9

（2）③ $\dfrac{4}{5} : \dfrac{2}{3}$

$= \dfrac{4}{5} \times 15 : \dfrac{2}{3} \times 15$ ——→ 分母の5と3の最小公倍数
　　　　　　　　　　　　　　　　　　「15」をかける

$= \dfrac{4 \times \cancel{15}^{\,3}}{\cancel{5}_{\,1}} : \dfrac{2 \times \cancel{15}^{\,5}}{\cancel{3}_{\,1}}$ ——→ ナナメで約分する

$= 4 \times 3 : 2 \times 5$
$= 12 : 10$
$= 12 \div 2 : 10 \div 2$ ——→ 12と10の最大公約数「2」でわる
$= 6 : 5$

答え　6：5

④ 3m：60cm

▼

1m＝100cm ——→ 単位をそろえる

▼

$100 \times 3 = 300$cm

300cm：60cm
$= 300 \div 10 : 60 \div 10$ ——→ ÷10で0を1つ消す
$= 30 : 6$
$= 30 \div 6 : 6 \div 6$ ——→ 30と6の最大公約数「6」でわる
$= 5 : 1$

答え　5：1

（3）

ポイント　比を簡単にしてから□を求めましょう。

例　2：4 ＝□：8　の場合

……簡単にする

1：2 ＝□：8

対応する数字は左どうし、右どうしなので

1：2 ＝□：8 ⟶ 2×4 ⟶ 8

1×4 ⟶ 4

① □：22 ＝ 9：6

比を簡単にする

9：6 ＝ 3：2

□：22 ＝ 3：2

❶2 × 11→ 22
❷3 × 11→ 33

□ ＝ 33

答え　33

② 1.2：0.8 ＝□：6

比を簡単にする

1.2：0.8
＝12：8
＝3：2

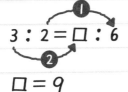

3：2 ＝□：6

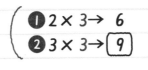

❶2 × 3→ 6
❷3 × 3→ 9

□ ＝ 9

答え　9

155

36 比で
つまずく②

線分図が書けるようになると解答力がぐんと上がります。解説にある線分図を
問題文と比べながらマネして書いてみましょう。

▶ 問題（6年生）

（1）さとうとイチゴの重さの比を3：10にしてイチゴジャムを作ります。
　　　イチゴ300g に対してさとうは何 g 必要ですか。

（2）姉と妹でお金を出しあってお父さんの誕生日プレゼントを
　　　買います。予算は3000円で姉と妹の出す金額の比を3：2にするとき、
　　　妹はいくら出せばいいですか。

（3）お父さんとたかしくんの年れいの和は60才です。お父さんの年れいが
　　　たかしくんの年れいの4倍のとき、たかしくんは何才ですか。

✖ ココでつまずく‼

（1）$300 \div 10 = 30$　　　　　答え　~~30g~~

イチゴの比と重さの計算だけで終えてしまいました

（2）$3000 : \square = 3 : 2$
　　　　　$\square = 2000$　　　答え　~~2000円~~

3000円は姉と妹が出す金額の合計なので
式がまちがっています

（3）$60 \div 4 = 15$　　　　　答え　~~15才~~

60才はお父さんとたかしくんの年れいの和なので
4でわってはいけませんでした

花まるはこう考えて、解決します！

ポイント 比の文章題を解くときは、線分図を書きましょう。

（1）問題の確認をしましょう。

さとうとイチゴの重さの比を3:10にしてジャムを作る。
イチゴ300gに対してさとうは□gになる。

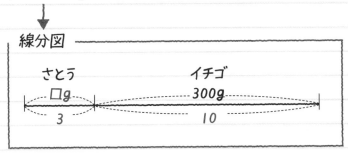

さとうの重さの比：イチゴの重さの比＝さとうの重さ：イチゴの重さ

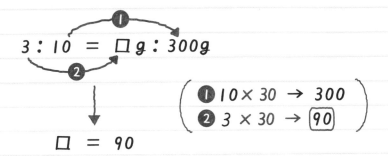

$$□ = 90$$

答え　90g

（2）姉と妹がお金を出しあって父にプレゼントを買う。

2人で出すお金は3000円。

姉と妹の出すお金の比は3：2。

妹は□円になる。

↓

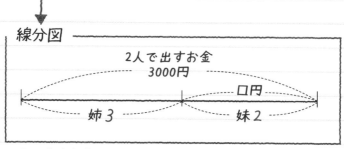

2人で出すお金…3+2=5

妹の出すお金…2

全体の比：妹の比＝5：2

↓

2人で出すお金のうち妹は□円だけはらうから

2人で出すお金：妹の出すお金＝3000：□

全体の比：妹の比＝2人で出すお金：妹の出すお金

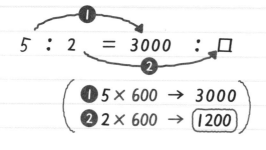

□ ＝ 1200　　　　　　　　答え　1200円

（3）父とたかしくんの年れいの和は60才。

たかしくんの年れいの4倍が父の年れい。

そのときのたかし君の年れいは□才になる。

↓

たかしくんの年れいを1とすると父の年れいは

4倍なので4となる。

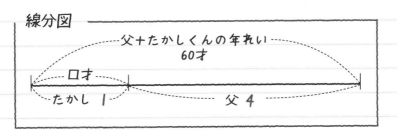

線分図

父＋たかしくんの年れい
60才

□才

たかし 1 父 4

（2）と同じように考えればいいので、

全体の比：たかしくんの比＝5：1

↓

全体の比：たかしくんの比＝全体の年れい：たかしくんの年れい

①
②

5 ： 1 ＝ 60 ： □

(**①**5×12 → 60)
(**②**1×12 → ⑫)

□ ＝ 12

答え　12才

第 **7** 章

速さ

37 速さで
5年生
つまずく①

時速や分速などの速さの単位の意味がわかればつまずきは解消されます。最初は「速さ×時間＝道のり」の一つの公式を使って解く練習をしてみましょう。

▶ 問題

（1）次の□に入る数を計算しましょう。（5年生）

①2時間25分15秒＝□秒

②秒速5m＝分速□m

③分速200m＝時速□km

④時速108km＝分速□km

（2）次の問題に答えましょう。（5年生）

①分速100mで1時間15分歩いたときの道のりは何kmですか。

②秒速4mで走る自転車で12km進むのにかかる時間は何分ですか。

③20秒間で1.3km進む新幹線の速さは時速何kmですか。

✕ ココでつまずく‼

（1）① $\boxed{60 \times 2 = 120}$ ➡ 2時間を120秒で計算
してしまいました

$25 \times 60 = 1500$

$120 + 1500 + 15 = 1635$　　　答え　~~1635秒~~

② 答え　~~60m~~

秒速の意味も分速の意味もわかっていません

（1）③　200×60＝12000m　　　　　　答え　~~12000m~~

　　　　↓

　　答えは時速□kmだから単位があっていません

④　108km ＝108000m

　　108000÷60＝1800m　　　　答え　~~1800m~~

　　　　↓

　　答えは分速□kmだから単位があっていません

（2）①　100×1.15＝115　　　　　　答え　~~115km~~

　　　　↓

　　1時間15分を1.15時間とまちがえてしまいました

②　4×12＝48　　　　　　　　答え　~~48分~~

　　　↓

　　「速さ×道のり＝時間」ではありません

③　1.3km ＝1300m

　　1300÷20＝65

　　┌ 65×60＝3900m

　　│

　　3900m ＝3.9km　　　　　答え　~~3.9km~~

　　└→ 分速で出してしまいました

花まるはこう考えて、解決します！

> **ポイント** 速さや時間を求める問題は単位の意味を考えましょう。

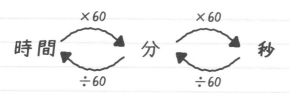

（1）① 1時間＝60分、1分＝60秒なので

1時間は、1×60×60＝3600秒

2時間 …… 3600× 2＝7200
25分 …… 60 ×25＝1500
15秒 …… 15
つまり、7200+1500+15＝8715　答え　8715秒

② 秒速5m は1秒間に5m 進む速さのこと です。

分速は1分間＝60秒間に進む道のりを表す速さなので

5（m）×60＝300m　　　　　　答え　分速300m

③ 分速200m は1分間に200m 進む速さのこと です。

時速は1時間＝60分間に進む道のりを表す速さなので

200（m）×60＝12000m

でも答えの 単位は km だから、1000m ＝1km より

12000m ＝12km　　　　　　　答え　時速12km

④ 時速108km は1時間（60分間）に108km 進む速さのこと です。

だから1分間に進む道のりを表す速さは

$108 (km) \div 60 = 1.8km$　　答え　分速1.8km

ポイント 道のり、速さ、時間を求めるときは

3つの手順で解きましょう。

㋐ 速さ、道のり、時間の単位をそろえる

㋑ 公式を使って計算する

速さ×時間＝道のり

※この本では、公式がごちゃまぜになり混乱してしまう
子どものために、あえてこの公式だけで解説して
います。わかる子は他の公式も使いましょう。

㋒ 答えの単位を確認する

（2）① ㋐ 時間の単位を分にそろえます。

1時間15分は、60＋15＝75分

分速100m は1分間に100m 進む速さなので

㋑ 速さ×時間＝道のりより

$100 \times 75 = 7500$

答えは km なので、1000m ＝1km より

$7500m = 7.5km$　　㋒ 単位を確認

答え　7.5km

② [ア] 道のりの単位を m にそろえます。

12km ＝12000m

秒速4m は1秒間に4m 進む速さなので

1秒間に4m 進む速さで□秒間進んだら12000m 進む。

[イ] 速さ×時間＝道のりより

4× □ ＝12000

□ ＝12000÷4

□ ＝3000

答えの単位は分なので1分＝60秒より

3000÷60＝50　　[ウ] 単位を確認

答え　50分

③ [ア] 道のりの単位を m にそろえます。

1.3km ＝1300m

1秒間に□ m 進む速さで20秒間進んだら1300m 進む。

[イ] 速さ×時間＝道のりより

□× 20 ＝1300

□ ＝1300÷20

□ ＝65

秒速65m は1秒間に65m 進む速さなので

[1時間＝3600秒]では

65× 3600＝234000m

答えの単位は km なので1000m ＝1km より

234000m ＝234km　　[ウ] 単位を確認

答え　時速234km

38 速さで
つまずく②

5年生

「速さ、時間、道のり」のうち求めるものは一つです。ほかの二つは必ず問題文に出ているか、計算によって求めることができます。

▶問題

次の問題に答えましょう。（5年生）

（1）毎時60kmで走る自動車が12km進むのにかかる時間は何分ですか。

（2）たいちくんは家から図書館まで歩くと20分かかり、自転車だと9分かかります。歩く速さが秒速1.5mだとすると、自転車の速さは分速何mですか。

（3）秒速45mの長さ225mの電車が、長さ945mの鉄橋をわたり始めてからわたり終わるまでにかかる時間は何秒ですか。

✖ ココでつまずく‼

（1）$60 \div 12 = 5$　　　　　　　　　　▶✕速さ÷道のり

　　$60 \times 5 = 300$　　答え　～300分　　○道のり÷速さです

（2）$20 + 9 = 29$　　　　　　　　　　▶数字を適当に計算して

　　$1.5 \times 29 = 43.5$　答え　分速43.5m　しまいました

（3）$945 \div 45 = 21$　　　　　　　　　▶電車の長さ225mを

　　　　　　　　答え　～21秒　　　　考えませんでした

花まるはこう考えて、解決します！

（1）　　　毎時60km は時速60km と同じ

なので、速さ×時間＝道のりより

$$60 \text{（km）} \times \square \text{（時間）} = 12 \text{（km）}$$
$$\square = 12 \div 60$$
$$\square = 0.2$$

0.2時間を分になおすと（P.164の ポイント 参照）

$$0.2 \times 60 = 12 \qquad 答え \quad 12分$$

（2）　　この問題は歩きと自転車の様子を図に表すとわかりやすいです。

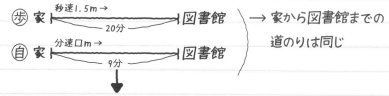

自転車の速さ＝分速□mを求めるので

速さ×時間＝道のりより

$$分速 \square \text{(m)} \times 9 \text{(分)} = 家から図書館までの道のり \longrightarrow ①$$

家から図書館までの道のりがわかれば、

分速□（m）もわかります。

そこで歩きでは速さは秒速1.5m、時間は20分と

わかっているので家から図書館までの道のりを求められます。

$$20分は、\quad 60 \times 20 = 1200 \text{（秒）} \leftarrow 単位をそろえる$$
$$なので、秒速 1.5 \text{（m）} \times 1200 \text{（秒）} = 1800 \text{（m）}$$

家から図書館までの道のりは1800mだから

① より　□×9＝1800
　　　　　　□＝1800÷9
　　　　　　□＝200　　　　答え　分速200m

（3）　この問題は電車が鉄橋をわたり始めてからわたり終わる
　　　までの様子を図に書くとわかりやすいです。

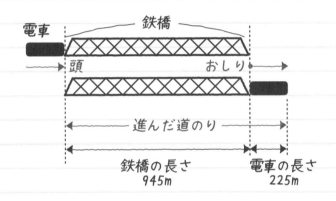

この図から電車が鉄橋をわたり始めてからわたり終わる
までの道のりは　鉄橋の長さ＋電車の長さ　だとわかります。

道のり　　945＋225＝1170

電車は秒速45m なので
速さ×時間＝道のりより

45×□＝1170
　　□＝1170÷45
　　□＝26　　　　　　　　　　答え　26秒

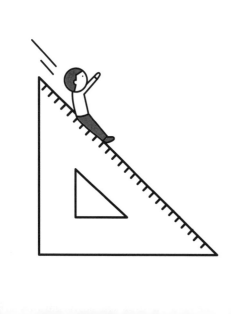

第 **8** 章

統計・比例と反比例・場合の数

39 表やグラフの読み取りで つまずく①

3・4年生

分類して整理をしたり、それを表にまとめたりする力は、部屋の整理整頓やお小遣い帳をつけるなど、日常生活の中で身につけることができます。

▶ 問題

（1）あるクラスで好きなスポーツについて調べたら、下のようになりました。これを表にまとめましょう。（3年生）

野球　バスケットボール　サッカー　サッカー　水泳　テニス
サッカー　卓球　テニス　野球　野球　サッカー　バドミントン
サッカー　サッカー　水泳　サッカー　テニス　サッカー　野球
卓球　テニス　テニス　サッカー　野球　水泳　テニス　水泳

好きなスポーツ調べ

	人数（人）
その他	
合計	

（2）次の表は、やさいの好ききらいについて調べたものです。

○は好きな人、×はきらいな人を表しています。（4年生）

やさいの好ききらい調べ

出席番号	1	2	3	4	5	6	7	8	9	10	11	12	13	14	15
トマト	○	○	○	×	×	×	○	×	○	×	○	×	○	×	○
ネギ	×	×	○	○	×	○	○	○	×	×	×	×	○	○	×

この結果を表にまとめましょう。

やさいの好ききらい調べ （人）

		ネギ		合計
		好き	きらい	
トマト	好き			
	きらい			
合計				

ココでつまずく!!

（1）　好きなスポーツ調べ

	人数（人）
野球	5
バスケットボール	1
サッカー	⑧
水泳	4
その他	9
合計	27

← テニスは6人なのに
表に入っていません

→ 9人のまちがいです

（2）　やさいの好ききらい調べ （人）

		ネギ		合計
		好き	きらい	
トマト	好き	8	7	15
	きらい	7	8	15
合計		15	15	㉚

合計がおかしいです

（1）（2）ともに表にまとめるやり方をわかっていません

花まるはこう考えて、解決します！

（1）[ポイント] 表にまとめる前に、種類ごとの人数を正の字で数え、数えたら線で消して数えもれがないようにしましょう。

野球…正5人　バスケットボール…一1人　サッカー…正下9人

水泳…下4人　テニス…正一6人　卓球…丁2人　バドミントン…一1人

↓

「○○○○調べ」の表は、人数の多い項目から書き、残りを「その他」にまとめます。

好きなスポーツ調べ

	人数（人）
サッカー	9
テニス	6
野球	5
水泳	4
その他	4
合計	28

人数の多い項目を上から順番に書き、残りは「その他」にまとめる

（2）[ポイント] 表のたてと横のらんを指でなぞって書きこむらんが何のことなのか、たしかめましょう。

やさいの好ききらい調べ　（人）

		ネギ		合計
		好き	きらい	
トマト	好き	㋐	㋑	㋐＋㋑
	きらい	㋒	㋓	㋒＋㋓
合計		㋐＋㋒	㋑＋㋓	㋔

㋐ トマトが○でネギも○

㋑ トマトが○でネギは×

㋒ トマトが×でネギは○

㋓ トマトが×でネギも×

㋔ たての合計、横の合計

やさいの好ききらい調べ

出席番号	1	2	3	4	5	6	7	8	9	10	11	12	13	14	15
トマト	○	○	○	×	×	×	○	×	○	×	○	×	○	×	○
ネギ	×	×	○	○	×	○	×	○	×	×	×	×	○	○	×

↓ ↓ ↓ ↓ ↓ ↓ ↓ ↓ ↓ ↓ ↓ ↓ ↓ ↓ ↓
イ イ ア ウ エ ウ ア ウ イ エ イ エ ア ウ イ

ⓐ …○○　3人
ⓘ …○×　5人
ⓤ …×○　4人
ⓔ …××　3人

↓

やさいの好ききらい調べ　　　（人）

		ネギ		合計
		好き	きらい	
トマト	好き	ⓐ 3人	ⓘ 5人	8人 ……… ⓐ+ⓘ
	きらい	ⓤ 4人	ⓔ 3人	7人 ……… ⓤ+ⓔ
合計		7人	8人	⓰15人

$$\begin{array}{c} ⓐ+ⓘ \\ 8 \\ + \\ ⓤ+ⓔ \\ 7 \\ = \\ ⓰15 \end{array}$$

ⓐ+ⓤ　ⓘ+ⓔ
7　　+　　8　=　⑮15

40 表やグラフの読み取りで つまずく②

4・5・6年生

小学校でもグラフの読み取りなどの統計の分野の学習が増えています。データを整理しながら、その特ちょうや傾向をつかむ力を身につけましょう。

▶ 問題

（1）次のグラフはある町の月ごとの最高気温を折れ線グラフに、
　　　こう水量をぼうグラフに表したものです。（4年生）

ある町の1年間の最高気温とこう水量

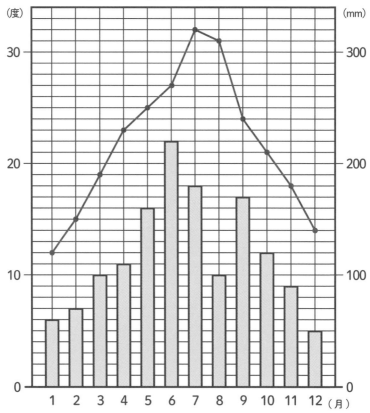

① 最高気温が一番高い月は何度で、それは何月ですか。

② こう水量が一番少ない月は何mmで、それは何月ですか。

③ 最高気温の変わり方が一番大きいのは、何月と何月の間ですか。

（2）次のグラフは、A小学校とB小学校で

　　好きな給食のメニューの割合を調べたものです。（5年生）

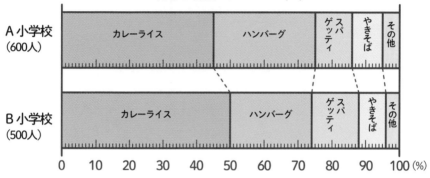

好きな給食のメニュー（%）

① カレーライスが好きな子の人数が多いのはどちらの小学校ですか。

② B小学校で、ハンバーグが好きな子の人数は、

　　やきそばが好きな子の人数の何倍ですか。

（3）右の表は、

　　たけしさんのクラス20人の

　　ある日のテレビを見ていた時間を

　　まとめたものです。（6年生）

テレビを見ていた時間（分）

30	50	120	60	60
90	40	0	90	60
70	90	90	70	110
80	90	120	60	140

① ドットプロットに表しましょう。

② 平均値を求めましょう。

③ 最頻値と中央値をそれぞれ答えましょう。

④ テレビを見ていた時間について、
次の度数分布表に人数を書きましょう。

テレビを見ていた時間

時間（分）	人数（人）
0 以上 ～ 30 未満	
30 ～ 60	
60 ～ 90	
90 ～ 120	
120 ～ 150	
合　計	

⑤ 右のヒストグラム
（柱状グラフ）で、
テレビを見ていた
時間が長いほうから
数えて、17番目の人は
どの階級にいますか。

テレビを見ていた時間

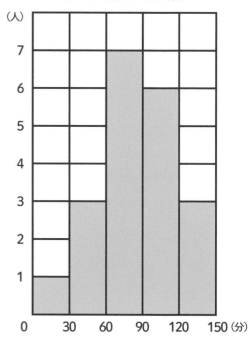

✖ ココでつまずく!!

（1）① ぼうグラフの一番長い月を
　　　答えてしまいました。
　　　　　　　　　　答え　22度　6月

　　② 折れ線グラフの一番低い月を
　　　答えてしまいました。
　　　　　　　　　　答え　120mm　1月

　　③ 気温が上がったときの
　　　変わり方が一番大きい月を
　　　答えてしまいました。
　　　　　　　　答え　6月から7月の間

（2）① A小学校は45、B小学校は50

　　　人数ではなく割合が高い小学校を
　　　選んでしまいました。
　　　　　　　　　　答え　B小学校

　　② <u>500×0.24＝12</u>
　　　↓
　　　割合の計算でミスをしてしまいました。

　　　500×0.08＝40
　　　12÷40＝0.3　　　　答え　0.3倍

（3）①
　　　ドットプロットの書き方がわかりませんでした。

　　② （30＋50＋120＋60＋60＋90＋40＋90＋60＋
　　　70＋90＋90＋70＋110＋80＋90＋120＋
　　　60＋140）÷19＝80

　　　0分の人を数えませんでした。　　答え　80分

③ 最頻値の意味はわかっていましたが、
数えまちがえをしました。　　答え　最頻値 60分

$(0＋140)÷2＝140÷2＝70$

一番短い時間と一番長い時間の
平均を計算してしまいました。

答え　中央値 70分

④ 以上と未満の
使い分けが
あいまいで、
正確に数えることが
できませんでした。

時間（分）	人数（人）
0 以上 〜 30 未満	2
30 〜 60	6
60 〜 90	8
90 〜 120	3
120 〜 150	1
合 計	20

⑤ 階級の意味がわからず、時間の長いほうから数えて、
17番目の人を答えてしまいました。　　答え　50分

🌸 花まるはこう考えて、解決します！

（1）

ポイント　一つのグラフ用紙に折れ線グラフとぼうグラフが
書いてあるときは、右と左のたてのめもりに気を
つけましょう。
左が折れ線グラフのめもりで最高気温（度）、右が
ぼうグラフのめもりでこう水量（mm）を表しています。

① 左のめもりで32度のところが最高気温が一番高い月です。

答え　32度　7月

② 右のめもりで50mmのところがこう水量が一番少ない月です。

答え　50mm　12月

③ 最高気温の差が一番大きい2か月間を答えましょう。

変わり方は、気温が上がる場合と下がる場合があります。

8月から9月にかけて、31－24＝7（度）下がっています。

この2か月間が一番変わり方が大きいです。

答え　8月と9月の間

（2）もとになっている小学校の人数がちがうので、

割合だけ比べても人数が多いか少ないかはわかりません。

① A小学校は600人のうち、45％がカレーライスが好きなので、

$600 \times 0.45 = 270$（人）

B小学校は500人のうち、50％がカレーライスが好きなので、

$500 \times 0.5 = 250$（人）

（P145の ポイント 参照）

答え　A小学校

② B小学校の中で、ハンバーグが好きな人とやきそばが

好きな人を比べるので、割合を比べるだけで、

人数を計算する必要はありません。

ハンバーグが好きな人…24％

やきそばが好きな人…8％

$24 \div 8 = 3$

答え　3倍

(3)

① ドットプロットに整理してみましょう。

同じ値があるときは●を上に積み上げて書きます。

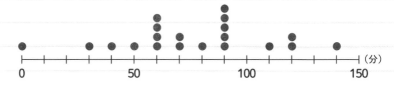

② ドットプロットに整理しておくと、平均値も計算しやすくなります。

$$0＋30＋40＋50＋60＋60＋60＋60＋70＋70＋80＋$$
$$90＋90＋90＋90＋90＋110＋120＋120＋140$$
$$＝120＋60×4＋220＋90×5＋490$$
$$＝1520$$

$1520÷20＝76$　　**答え　76分**

③ ドットプロットから最頻値は90分だと一目でわかります。

答え　最頻値　90分

20人のデータなので、時間が短いほうから数えて10番目と

11番目の値を使います。

10番目…70分　11番目…80分

$(70+80)÷2=75$

中央値（75分）と平均値（76分）が同じになるとは限りません。

答え　中央値 75分

④

時間（分）	人数（人）
0 以上 ～ 30 未満	1
30 ～ 60	3
60 ～ 90	7
90 ～ 120	6
120 ～ 150	3
合 計	20

（P122の **ポイント** 参照）

〇〇以上…〇〇をいれる

□□未満…□□をいれない

↓

60分以上…60分もいれる

90分未満…90分はいれない

度数分布表に書くときは、正の字を使って整理しましょう。

⑤ **ポイント** 　階級…データを整理するために用いる区間

　　　　　　　階級の幅…区間の幅

　　　　　　　度数…それぞれの階級に入っているデータの個数

20人のうち時間が長いほうから17番目なので、

時間が短いほうから数えると、

$20-17+1=4$ （番目）となります。

時間が短いほうから4番目の人は、30分以上60分未満の階級にいます。

答え　30分以上60分未満

参考…20人が一列に並んでいるときに、前から4番目はうしろから17番目です。

```
  1 2 3 4
 ○○○●○○○○○○○○○○○○○○○○
 17 16 15 14 13 12 11 10 9 8 7 6 5 4 3 2 1
```

41 規則を見つけるで
つまずく

4年生

規則が見つからない子は表の一方だけをながめていることがあります。「横の変わり方にも注目してみたら」などヒントをあげてもいいでしょう。

▶ 問題（4年生）

（1）兄はシールを45まい、弟はシールを31まいもっています。

兄が弟に何まいあげると、兄と弟のシールのまい数は

同じになりますか。表を使って答えましょう。

あげるまい数	0	1	2	3	4	5	6	7
兄（まい）								
弟（まい）								
ちがい（まい）								

（2）1辺が1cm の正三角形のタイルを下のようにならべていきます。

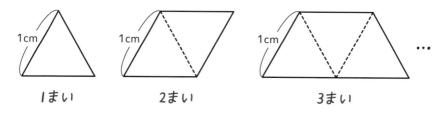

1まい　　　2まい　　　3まい

① タイルのまい数を□、まわりの長さを○として、

□と○の関係を式にしましょう。

② タイルのまわりの長さが18cm になるのは、

タイルを何まいならべたときですか。

✕ ココでつまずく!!

（1）

あげるまい数	0	1	2	3	4	5	6	7
兄（まい）								
弟（まい）								
ちがい（まい）								

$$\boxed{45-31}=14$$

答え　~~14まい~~

表を使わずに計算しましたが、まちがえてしまいました

（2）　① ~~□×2＝○~~

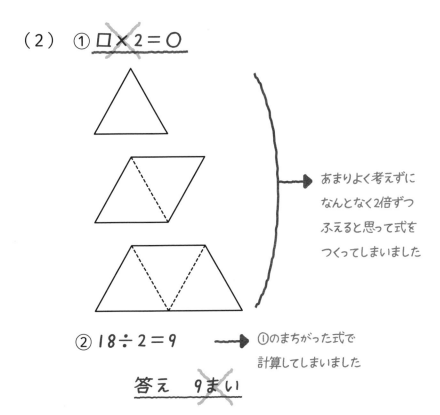

あまりよく考えずに
なんとなく2倍ずつ
ふえると思って式を
つくってしまいました

② 18÷2＝9　→　①のまちがった式で
計算してしまいました

答え　~~9まい~~

花まるはこう考えて、解決します！

ポイント 表を使って、2つの数のちがいについての規則を見つけましょう。

（1）

あげるまい数	0	1	2	3	4	5	6	7
兄（まい）	45	44	43	42	41	40	39	38
弟（まい）	31	32	33	34	35	36	37	38
ちがい（まい）	14	12	10	8	6	4	2	0

兄が弟にシールを7まいあげると、兄が38まい、弟が38まいで、
シールのまい数が同じになることがわかります。

↓

答え　7まい

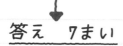 表に書き入れるだけでなく、表の数字にどんな規則が
あるか考えてみましょう。

↓

兄が弟にあげるシールのまい数を増やしていくと
ちがいはどうなっていきますか？

↓

兄→弟　1まい　ちがい12まい
　　　　2まい　ちがい10まい
　　　　3まい　ちがい8まい
　　　　～
　　　　7まい　ちがい0まい

つまり、兄が弟にシールを1まいあげるごとに、
兄と弟のシールのちがいが2まいずつへっています。

186

（2）（1）と同じように表をつくって規則を見つけてみましょう。

↓

タイルが6まいになるまで調べた表

タイルのまい数（まい）	1	2	3	4	5	6
まわりの長さ（cm）	3	4	5	6	7	8

+2 +2 +2 +2 +2 +2

↓

表から、タイル1まい　まわりの長さ3cm

タイル2まい　まわりの長さ4cm

〜

タイル6まい　まわりの長さ8cm

↓

タイルのまい数に2をたしたものが

まわりの長さになっています。

↓

2つの数の間にある規則

① タイルのまい数＋2＝まわりの長さ なので

$$□＋2＝○$$

答え　$□＋2＝○$

② タイルのまわりの長さが18cm になったときのタイルのまい数を
求めるので $□＋2＝○$ より

$$□＋2＝18$$
$$□＝18－2$$
$$□＝16$$　　　　答え　16まい

42 比例・反比例で つまずく

6年生

教科書では比例・反比例の形を表す式を習いますが、それを知らなくてもグラフや表から規則を見つけることで解くことができます。

▶ 問題（6年生）

（1）次のグラフははりがねの長さ x（m）と重さ y（g）の関係を表したものです。

① はりがね1m は何 g ですか。

② y を x の式で表しましょう。

③ このはりがね66g の長さは何 m ですか。

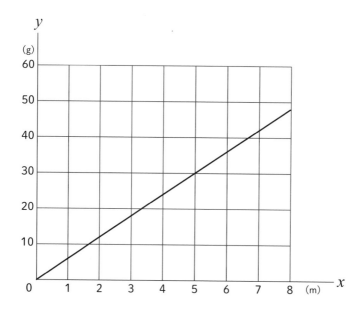

（2）ある水そうに水をいっぱいに入れるとき、1分間に入れる水の量 x（L）といっぱいにするのにかかる時間 y（分）の関係を調べます。次の表はその変わり方を表したものです。

① 表の㋐～㋒にあてはまる数を書きましょう。

1分間に入れる水の量 x（L）	1	2	㋑	4	5	6	㋒	12
いっぱいにするまでにかかる時間 y（分）	12	㋐	4	3	2.4	2	1.5	1

② y を x の式で表しましょう。

③ 1分間に入れる水の量 x（L）といっぱいにするのにかかる時間 y（分）の関係をグラフに書きましょう。

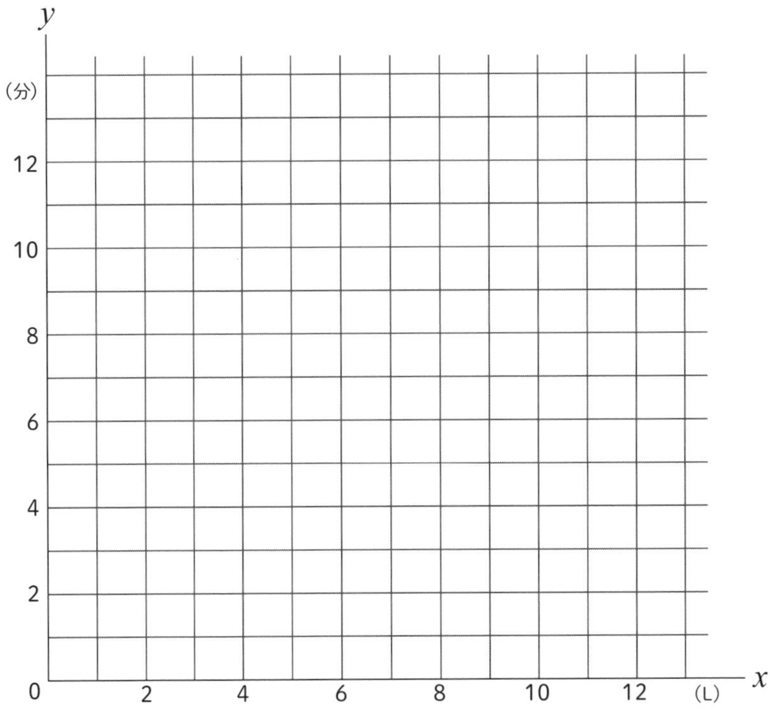

（1） ① 11g

グラフから読み取ろうとして、目盛りを読みまちがえてしまいました

② 5 × 30 ＝ 150

比例の関係を表す式のつくり方をわかっていません

② 10m

グラフを手書きで延長してカンで答えてしまいました

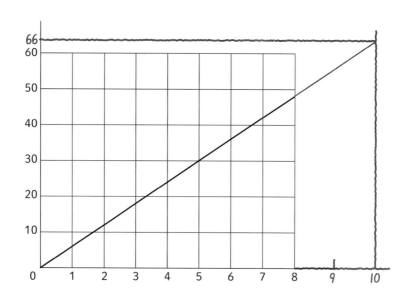

（2）　① 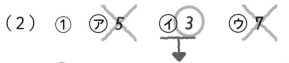ア ~~5~~　イ ③　ウ ~~7~~

イ はたまたま正解しましたが、反比例の関係をわかっていません

② $x \times y = 12$

1分間に入れる水の量 x (L)	1	………………	12
いっぱいにするまでにかかる時間 y (分)	12	………………	1

表のわかりやすい数字を見て、xとyの関係式をつくるまではOK
でしたが、yをxで表す式になっていません

③ 点と点を直線で結んでしまった上に、
　　xとyの横線とたて線に交わりました

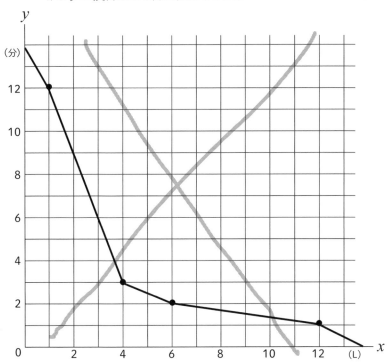

ポイント 比例・反比例のグラフを読んだり、書いたりするときは、

横線とたて線が2つとも整数で交わる点を見つけて、x と y の

関係を考えましょう。

（1） このグラフは 0を通る直線のグラフなので比例 です。

さらに x と y が整数で交わる点は、x ＝5m、y ＝30g です。

この2つのヒントをもとに答えを考えてましょう。

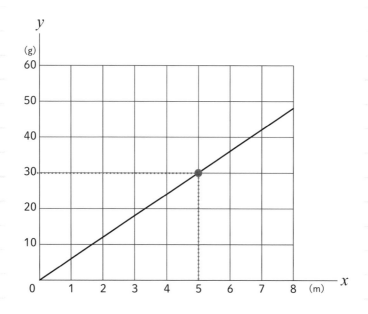

① はりがね1m が何 g かわかりませんが、x ＝5、y ＝30は

わかっているので表を書いてみます。

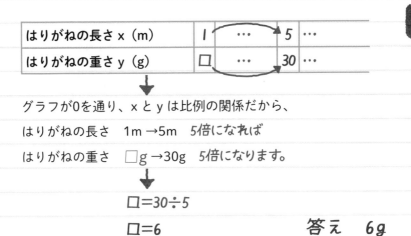

グラフが0を通り、xとyは比例の関係だから、

はりがねの長さ　1m →5m　5倍になれば

はりがねの重さ　□g →30g　5倍になります。

$$□＝30÷5$$
$$□＝6$$

答え　6g

② ①の答えを表にあてはめます。

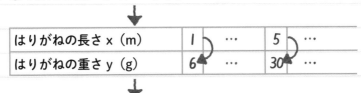

xが1のとき、yが6

xが5のとき、yが30

xを6倍したらyになっていることがわかります。

答え　y＝x×6

③ はりがねの重さ66g(y) のときのはりがねの長さ (x) を
求めるのでy＝x×6 の式にあてはめると

$$66 ＝ x×6$$
$$x ＝ 66÷6$$
$$x ＝ 11$$

答え　11m

（2）① まず、表から x と y の関係についてのヒントを見つけましょう。

1分間に入れる水の量 x（L）	1	2	㋑	4	5	6	㋒	12
いっぱいにするまでにかかる時間 y（分）	12	㋐	4	3	2.4	2	1.5	1

↓

$$x\cdots 1 \to 4 \to 6 \to 12$$
$$y\cdots 12 \to 3 \to 2 \to 1$$

わかっている整数の組に
注目します

↓

x が 1→4 と 4 倍になると、y が 12→3 と $\frac{1}{4}$ 倍になる

x が 1→6 と 6 倍になると、y が 12→2 と $\frac{1}{6}$ 倍になる

x が 1→12 と 12 倍になると、y が 12→1 と $\frac{1}{12}$ 倍になる

↓

x と y は反比例の関係になっています。

$$x\cdots 1 \xrightarrow{2倍} 2$$
$$y\cdots 12 \to ㋐$$
$$\frac{1}{2}倍$$

㋐ $\cdots 12 \times \frac{1}{2} = 6$

答え　㋐ 6

$$x\cdots 1 \xrightarrow{3倍} ㋑$$
$$y\cdots 12 \to 4$$
$$\frac{1}{3}倍$$

㋑ $\cdots 1 \times 3 = 3$

答え　㋑ 3

$$x\cdots 1 \xrightarrow{8倍} ㋒$$
$$y\cdots 12 \to 1.5$$
$$\frac{1}{8}倍$$

㋒ $\cdots 1 \times 8 = 8$

答え　㋒ 8

② $x=1$、$y=12\cdots\quad 1\times12=12$
　$x=4$、$y=3\ \cdots\quad 4\times3=12$ $\rightarrow$ $x\times y=12$に
　$x=6$、$y=2\ \cdots\quad 6\times2=12$ 　　なっている

$\downarrow$

$$x\times y = 12$$
$$y = 12\div x$$

答え　$y=12\div x$

③ 反比例のグラフはなめらかな曲線をえがき、さらに
　xの横軸、yのたて軸に交わらず、0も通りません。

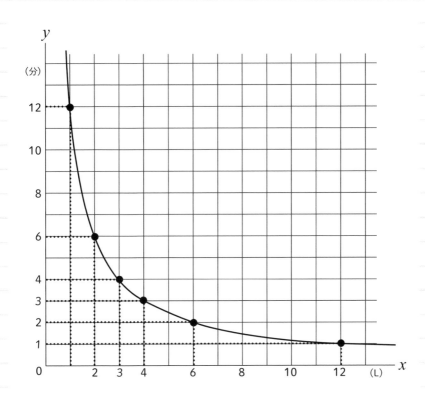

43 場合の数で
つまずく

6年生

場合の数は論理的思考力を伸ばすのにうってつけの問題です。まずは樹形図や表を使ってもれなく重なりなく数えられるようにしましょう。

▶ 問題（6年生）

（1）Aさん、Bさん、Cさん、Dさんが横一列で並ぶとき、並び方は何通りありますか。

（2）1、2、3、5の4まいの数字カードを使って、2ケタの整数をつくります。偶数はぜんぶで何通りできますか。

（3）A、B、C、D、E の5チームで野球をします。どのチームもちがうチームと1回ずつ試合をするとき、全部で何試合になりますか。

（4）10円玉、50円玉、100円玉がそれぞれ1まいずつあります。この3まいの硬貨から何まいか使ってできる金額の合計をすべて答えましょう。

✕ ココでつまずく‼

（1） A—B—C—D
　　 B—C—D—A
　　 C—D—A—B
　　 D—A—B—C　　　　　　　答え　~~4通り~~

　↓
並び方がこれでぜんぶかを確認せず、答えを出してしまいました

（2）⑫、13、23、35、21、31、51、㉜、25、35
　↓
思いつきのまま数字を書き出して、　　　　　答え　~~2通り~~
もれた数字に気づきませんでした

（3） A－B、B－A、A－C、C－A、
　　 A－D、D－A、A－E、E－A
　　 8×5＝40　　　　　　　　　答え　~~40試合~~
　↓
A－B、B－Aは同じ試合なので1試合と数えなければなりません

（4） 10円、10円＋50円＝60円、50円＋100円＝150円
　　 10円＋50円＋100円＝160円

　　　　　　　　　　答え　10円、60円、~~150円~~、160円
　↓
硬貨を ⎰ 1まい使うとき
　　　 ⎱ 2まい使うとき　　とそれぞれにわけて考えなかったので
　　　 　3まい使うとき　　もれが出てしまいました

花まるはこう考えて、解決します！

[ポイント] 「場合の数」は並べ方なのか、組み合わせ方なのかを考えましょう。

㋐ 並べ方…あるものを順序を決めて並べる

㋑ 組み合わせ方（選び方）…あるものの中からいくつか選ぶ

（1）並べ方の問題は樹形図を書いて調べましょう。

↓

樹形図を書くときは、順序を決めてぬけ落ちや重なりがないように書き出します。

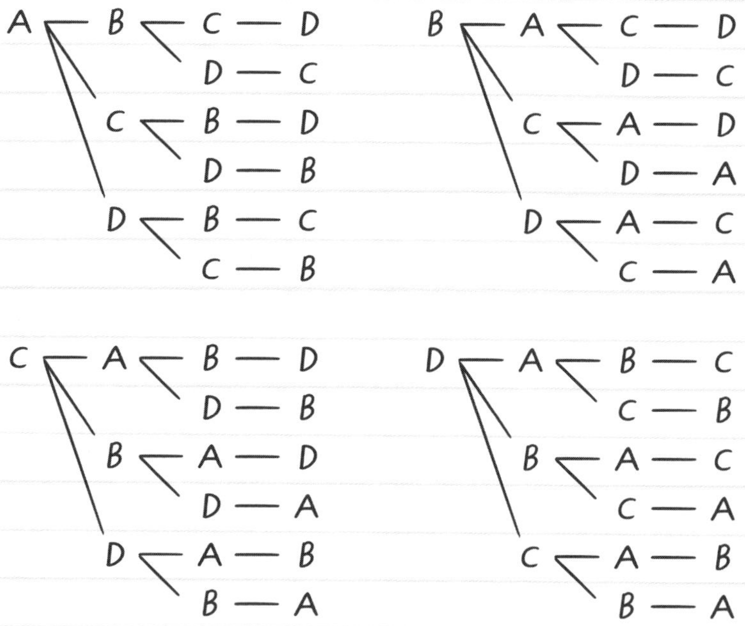

A B C D
D C
C B D
D B
D B C
C B
B A C D
D C
C A D
D A
D A C
C A
C A B D
D B
B A D
D A
D A B
B A
D A B C
C B
B A C
C A
C A B
B A

Aを一番左にすると、そのとなりはB、C、Dのパターンしかありません。そうすると、たとえばA－Bの場合、残りの並べ方はC－D、もしくはD－Cになります。それと同じようにA－C、A－Dを考えれば、一番左がAの場合は6通りの並べ方が見つかります。同じように一番左をB、C、Dに固定して考えたらすべてのパターンがわかります。このことがわかると6×4＝24という計算でも答えることができるようになります。

答え　24通り

（2）　この問題は2ケタの偶数がぜんぶで何通りあるかを答える問題です。

↓

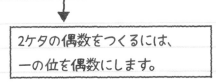

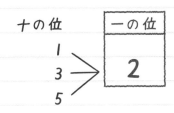

答え　3通り

（3）この問題は組み合わせ方の問題です。

↓

いくつかの中から2つを選ぶときは表が使えます。

	A	B	C	D	E
A		○	○	○	○
B	×		○	○	○
C	×	×		○	○
D	×	×	×		○
E	×	×	×	×	

↓

たてと横にそれぞれのチームを書き、対戦する
チームどうしに○や×を書き入れます。

↓

A－B、B－Aは同じ試合なので1試合と数えます。
たとえば上の表ではA－Bに○と書いたら、
B－Aには×と書きます。

↓

対戦する試合の数は○の数だけ
数えればいいので○は10こ

↓

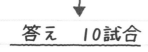

答え　10試合

（4）この問題は組み合わせ方の問題です。

↓

使うまい数ごとに場合わけして調べましょう。

㋐ 1まい…10円、50円、100円

㋑ 2まい…樹形図を書きましょう

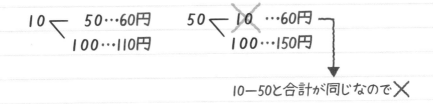

10－50と合計が同じなので✕

㋒ 3まい　10 — 50 — 100…160円

答え　10円、50円、60円、100円、110円、150円、160円

第 **9** 章

図形

44 垂直と平行で つまずく

すいちょく

4年生

垂直や平行の関係を理解するには、実際に分度器や三角定規を使って垂直や平行な線をたくさん書いてみることです。

▶ 問題（4年生）

（1）直線イと垂直な直線をすべて答えましょう。

調べるときは、三角定規と分度器を使いましょう。

じょうぎ

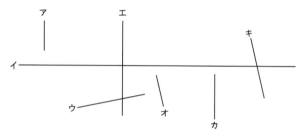

（2）次の直線の中から、平行な2本の直線の組み合わせをすべて答えましょう。

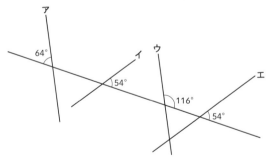

（3）右の図は直方体です。

①辺 BF に平行な辺をすべて答えましょう。

②面あと垂直な面をすべて答えましょう。

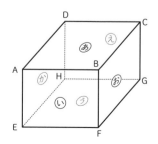

✕ ココでつまずく!!

(1) 直線エ

↓

正解ですが、ほかにもあります。線が交わっていないと
垂直ではないと思いこんでいます

(2) 直線イと直線エ

↓

正解ですが、ほかにもあります。同じ角度のある直線どうしだけ
をみて平行だと思いこんでいます

(3)① 辺AE、辺DH、辺CG、~~辺AD、辺EH、~~辺DC、辺HG

辺BFと垂直ではない辺がすべて平行とは限りません

② 面お、面か

↓

1つの面に垂直な面が4つあることに気づきませんでした

🌸 花まるはこう考えて、解決します!

(1) 　**ポイント**　線が交わっていなくても、線をのばして交わってできる
　　　　　　角度が90°なら2本の直線は垂直です。

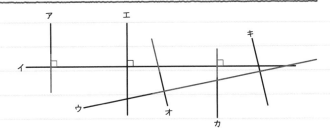

答え　直線ア、直線エ、直線カ

（2）　**ポイント**　平行な直線はどこまでのばしても交わりません。

　　　　　　　　交わっている直線に対する同じ位置の角度が同じで

　　　　　　　　あれば2本の直線は平行です。

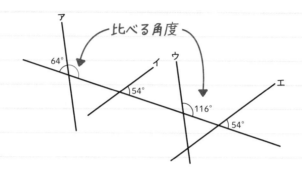

◎　直線イと直線エは同じ交わる直線
　　に対する角度が54°だから平行です。

　　直線アと直線ウは同じ交わる直線に対する角度が
　　64°と116°なのでちがうように見えますが、角度
　　の位置がちがうので、同じ位置の角度を調べます。

比べる角度　　180° −64° ＝116°

◎　直線アと直線ウは同じ直線に対する角度が
　　同じなので平行です。

答え　直線アと直線ウ、直線イと直線エ

（3） **ポイント** 垂直と平行の考え方は平面から立体になっても
同じです。

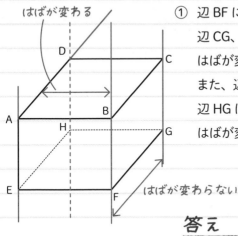

① 辺 BF に対して辺 AE、
辺 CG、辺 DH は、
はばが変わらないから平行。
また、辺 AD、辺 EH、辺 DC、
辺 HG は辺 BF に対して
はばが変わるから平行ではありません。

答え　辺 AE、辺 CG、辺 DH

ポイント 立方体や直方体ではとなりあう面どうしは
すべて垂直になります。

②

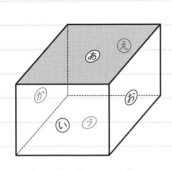

面 ⓐ ととなりあう面

↓

答え　面ⓘ、面ⓔ、面ⓞ、面ⓚ

ちなみに、面ⓐと向かいあう
面ⓤは平行になります。

45 合同で つまずく

5年生

対応する辺や角がわからずに図形で苦労する子がいます。鉛筆で辺や角に印を
つけながら、「辺 AB と辺 DE」というように声に出してたしかめましょう。

▶ 問題（5年生）

（1）次の図形の中から合同な図形の組み合わせをすべて答えましょう。

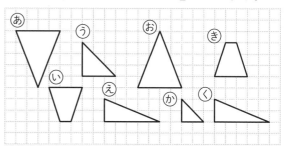

（2）次の2つの図形は合同です。

① 辺 AB に対応する辺は
どれですか。

② 角 E は何度ですか。

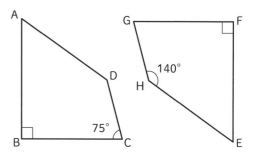

（3）次の三角形 ABC と合同な三角形を書きましょう。

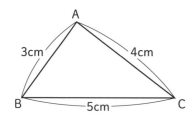

 ココでつまずく!!

（1）⑥と⑩、②と⑨
→ 合同な図形が三角形だけだと思っています

（2）① 辺FE
→ 辺自体はあっていますが、対応する順序を考えていません

② 75° → 対応する角を考えず、答えてしまいました

（3）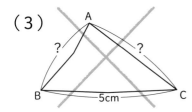 → 定規だけで長さをあわせよう
としたので、図を正確に
書けませんでした

花まるはこう考えて、解決します！

（1）ぴったりと重ね合わせられる図形はすべて合同です。
方眼の目盛りを使って、辺の長さや頂点の位置を
たしかめながら調べましょう。

答え ⑥と⑩、⑪と⑨、②と⑨

（2）向きのちがう2つの図形を比べるときは、同じ向きになおしましょう。

この問題では、直角マーク（∟）を目印に
180°回転させましょう。

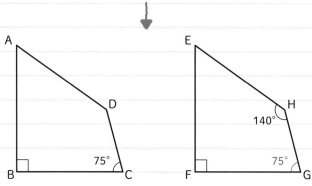

① 辺 AB に対応するのは辺 EF

頂点 A →頂点 B の順序で辺 AB と書いているため、
頂点 E →頂点 F の順序で辺 EF と書くのがきまりです。

答え　辺 EF

② 問題より2つの図形は合同

角 C ＝角 G で75° です
四角形の内角の和は360° より
角 E…360ー（90＋75＋140）
　　　＝55

答え　55°

（3）合同な三角形を書くときは、定規やコンパス、分度器を
　　使いましょう。図を書き終わったとき、途中に
　　書いた線は消さずに残すのが決まりです。

　　↓

　　この問題は3つの辺の長さがわかっているので、定規とコンパスを使います。

㋐ 5cmの長さを定規で測って、
　　辺BCを書く

B ——————5cm—————— C

㋑ 3cmのはばにしたコンパスの針を
　　頂点Bにおいて
　　円の一部を書く

B ———————————— C

㋒ 同じように4cmのはばにした
　　コンパスの針を
　　頂点Cにおいて
　　円の一部を書く

B ———————————— C

㋓ 交わった点を頂点Aとして、
　　頂点B、頂点Cと結ぶ

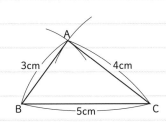

A
3cm　　　　4cm
B ——————5cm—————— C

46 角度でつまずく

5年生

90°より大きいか小さいかなど、角度の量感が身についているとありえない角度を答えることは減ります。分度器でいろいろな角度を測りましょう。

▶問題（5年生）

（１）次の図形の[ア]～[エ]の角度を答えましょう。

①

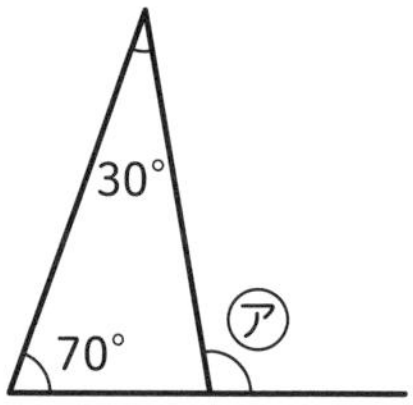

② 辺 AB と辺 AC の長さは等しい

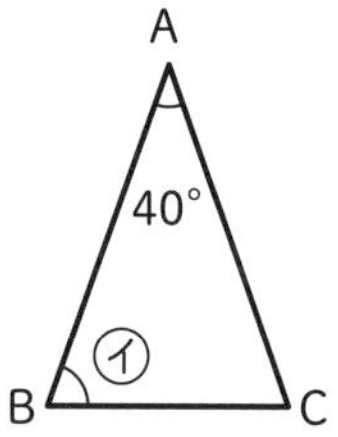

③ 一組の三角定規を重ねました

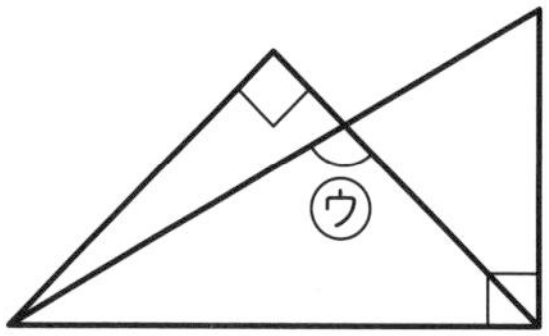

④

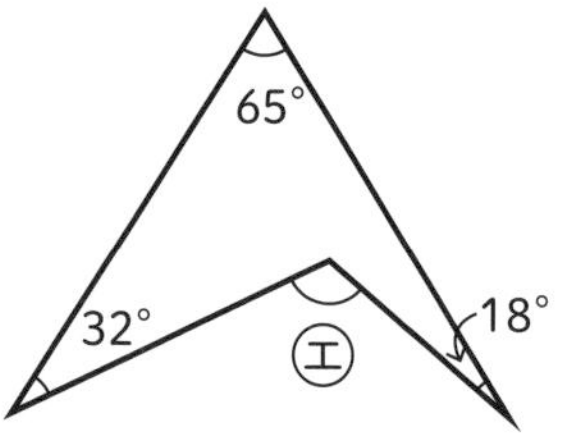

（２）次の問題に答えましょう。

① 八角形の内角の和は何度ですか。

② 右の図は正五角形です。[あ]の角度を求めましょう。

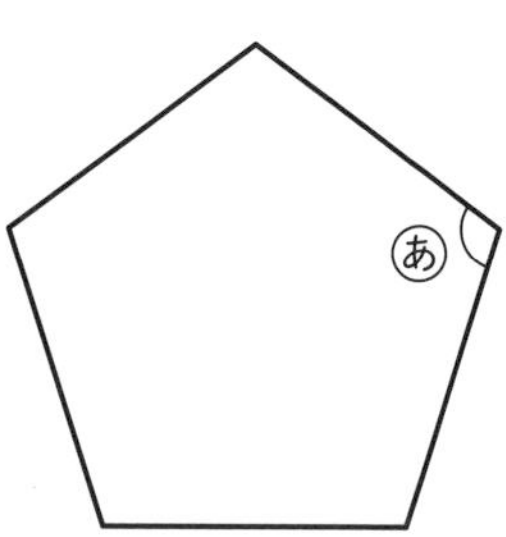

ココでつまずく!!

(1) ① 30＋70＝100

180－100＝80

[ア]の角度 80°

[ア]ととなりあう角度を答えてしまいました

② [イ]の角度 40°

二等辺三角形の等しい角の位置がわかっていません

③ [ウ]の角度 90°

三角定規の角度を忘れてしまいました

④ 65＋32＋18＝115

180－115＝65　　[エ]の角度 65°

1回転を360°ではなく、180°で計算してしまいました

(2) ① 720° → 八角形なので四角形の内角の和360°の2倍だとかんちがいしてしまいました

② 120° → 正五角形と正六角形をまちがえてしまいました

花まるはこう考えて、解決します！

ポイント 角度を覚えておきましょう。

㋐ 内角の和　三角形→180°

四角形→360°

四角形は三角形が２つ

なので三角形を基本に考えます

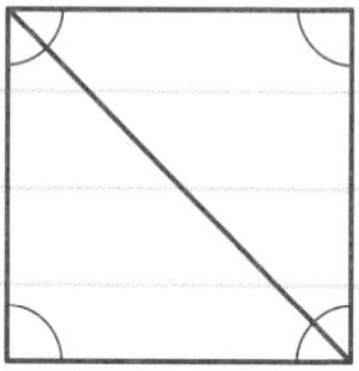

㋑ 特別な三角形　二等辺三角形

→ 2つの辺が等しい

→ 2つの角が等しい

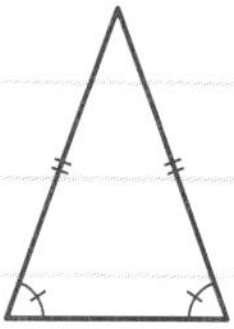

正三角形

→ 3つの辺が等しい

→ 3つの角が60°で等しい

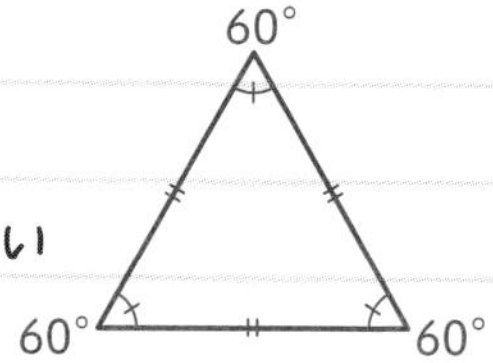

直角二等辺三角形

→ 1つの角が90°で

残り2つが45°

→ 2つの辺が等しい

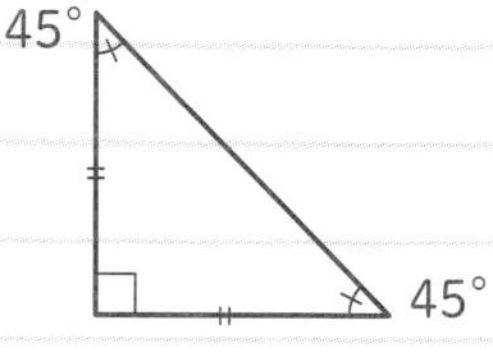

㋒ 半回転、一回転の角度

半回転

180°

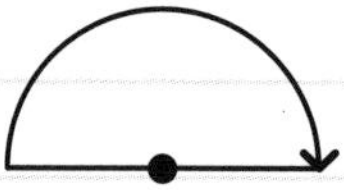

一回転

360°

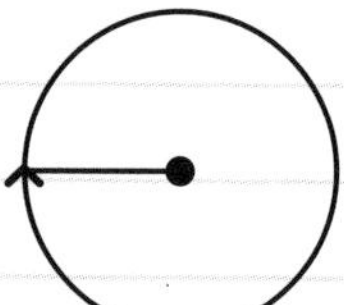

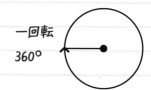

（1）① わかる角度から求めて、図に書きこみましょう。

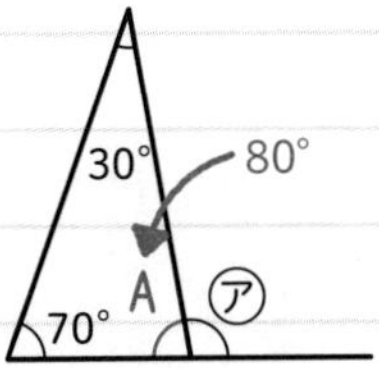
30°
80°
A
[ア]
70°

Aの角度＝三角形の内角の和－（30＋70）

180－100＝80

[ア]の角度＝半回転－Aの角度

180－80＝100

答え 100°

② 二等辺三角形は山のふもとの角度が等しくなります。

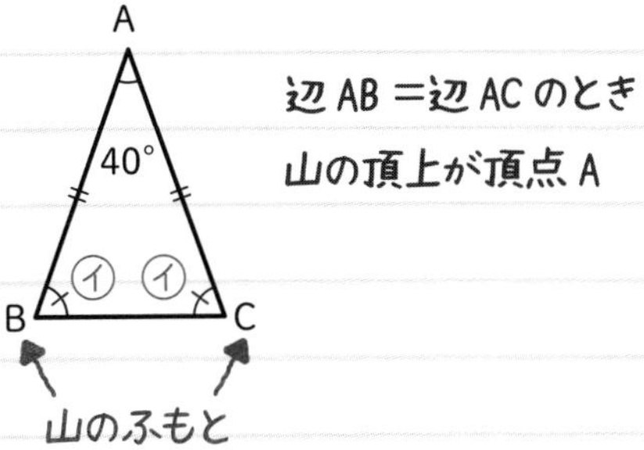
A
40°
[イ]
[イ]
B
C
辺AB＝辺ACのとき
山の頂上が頂点A
山のふもと

三角形の内角の和は180°なので、

角[イ]＋角[イ]は	180－40＝140
角[イ]は	140÷2＝70

答え 70°

③　三角定規の形は正方形や正三角形の半分です。

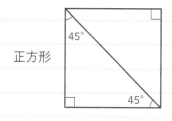

正方形

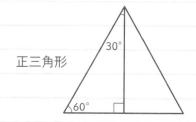

正三角形

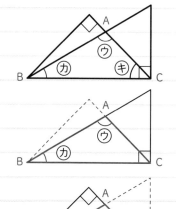

三角形 ABC で考えると
ウの角度は

180－（角カ＋角キ）

角カは正三角形の半分の
直角三角形の30°の部分

角キは正方形の半分の
直角二等辺三角形の45°の部分

180－（30＋45）＝105

　　　　　　　　　答え　105°

④

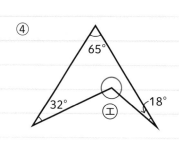

こんな形でも頂点が4つあるので四角形です。

↓

内角の和は360°

は 360－（65＋32＋18）＝245

エは一回転360°から をひいた角度なので

360－245＝115

　　　　　　　　　答え　115°

（2）① 八角形の内角の和は八角形を書いて三角形にわけて考えましょう。

↓

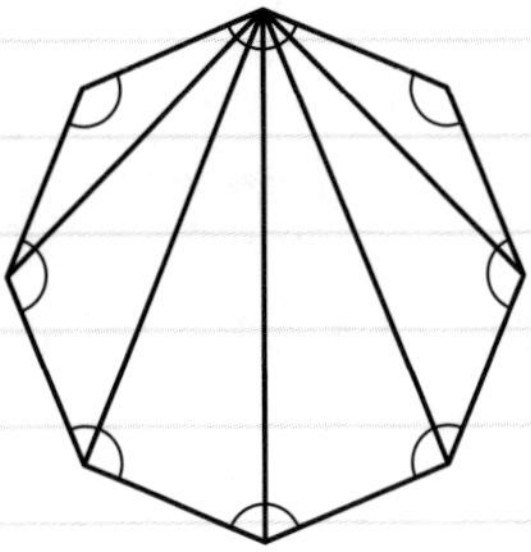

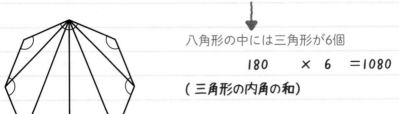

八角形の中には三角形が6個

180　×　6　＝1080

（三角形の内角の和）

答え　1080°

② 正五角形の中心から頂点を通る円を書きましょう。

さらに中心と各頂点を結びましょう。

↓

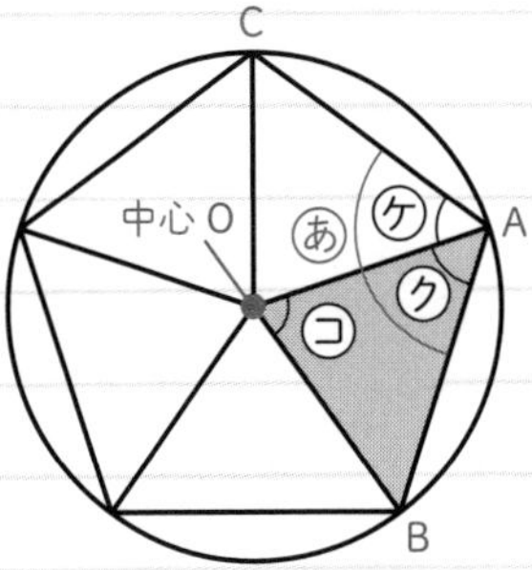

円内にある5個の三角形は

すべて等しい。また、三角形 OAB

は辺 OA ＝辺 OB（円の半径）より

二等辺三角形です。

↓

角[ク]と角[ケ]は同じ角度。

角[コ]は一回転の5等分だから

360÷5＝72

↓

二等辺三角形のふもとの角の求め方を使って

180－72＝108

角[ク]は　108÷2＝54

角[あ]　…54×2＝108

答え　108°

47 三角形・四角形の面積で
5年生 つまずく①

面積の公式は長方形や正方形、平行四辺形をもとにして考えるとその成り立ちがわかります。そうすれば「÷2だったかな」という迷いもなくなります。

▶ 問題（5年生）

（1）次の図形の面積を答えましょう。

平行四辺形

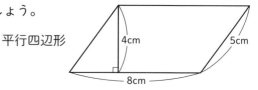

（2）次の図形の面積を答えましょう。

① 三角形　　　② 台形　　　③ ひし形

ココでつまずく‼

（1）8 × 4 ÷ 2 ＝ 16　　　答え　16cm²

面積はなんでも÷2だと思いこんでいます

（2）① 4 × 13 ÷ 2 ＝ 26　　　答え　26cm²

高さは13cmではありません

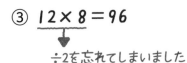

（2）② $4+10×4÷2＝24$　　答え　~~24~~ ㎠

　　　　↓
　　　（　）を忘れてしまいました

　　③ $12×8＝96$　　　答え　~~96~~ ㎠

　　　　↓
　　　÷2を忘れてしまいました

花まるはこう考えて、解決します！

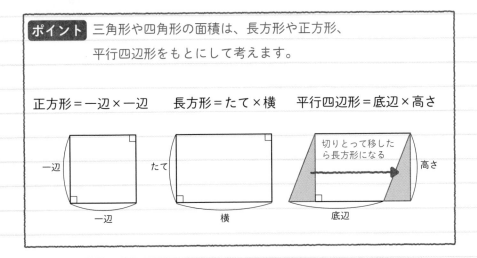

ポイント 三角形や四角形の面積は、長方形や正方形、
　　　　　平行四辺形をもとにして考えます。

正方形＝一辺×一辺　　　長方形＝たて×横　　　平行四辺形＝底辺×高さ

一辺　　　　　　　　　たて　　　　　　　　　切りとって移した　　高さ
　　　　　　　　　　　　　　　　　　　　　ら長方形になる
一辺　　　　　　　　　横　　　　　　　　　　底辺

（1）　ポイントの考え方から、平行四辺形の面積を求めるときは

　　　÷2をしなくてもいいことがわかります。

　　　平行四辺形の面積＝底辺×高さより

$$8×4＝32$$　　答え　$32cm^2$

（2）① 三角形の面積 …

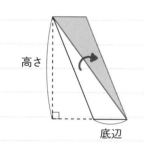

高さ

底辺

同じ三角形を逆さに1枚つけると

平行四辺形になるので

平行四辺形÷2より

三角形の面積＝底辺×高さ÷2

4×12÷2=24

高さは底辺と垂直です

答え　24cm²

② 台形の面積 …

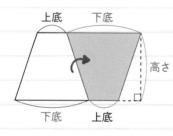

上底　下底

下底　上底

高さ

同じ台形を逆さに

1枚つけると平行四辺形になるので

平行四辺形÷2より

台形の面積＝（上底＋下底）×高さ÷2

（4+10）×4÷2=28

答え　28cm²

③ ひし形の面積 …

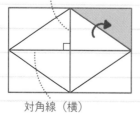

対角線（たて）

対角線（横）

図のように同じ三角形を1枚ずつつけると

長方形になるので

長方形÷2より

ひし形の面積＝

一方の対角線×もう一方の対角線÷2
　（たて）　　　　　　　（横）

12×8÷2=48　　　**答え　48cm²**

48 三角形・四角形の面積で つまずく②

5年生

一見公式では計算できないような面積でも、わけたりひいたり移動したりすれば計算できることがわかると、楽しく取り組めるようになります。

▶問題

次の図形のかげの部分の面積を答えましょう。（5年生）

（1）

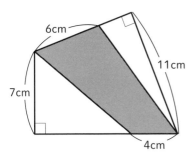

（2）長方形

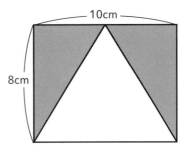

（3）

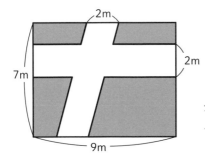

長方形の土地に同じはばの道を

つけたもの

ココでつまずく!!

(1)

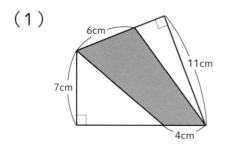

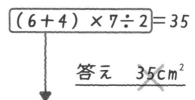

$(6+4)\times 7\div 2=35$

答え　35cm²

台形の面積だとまちがえてしまいました

(2)

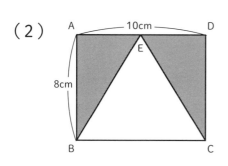

[5]×8÷2＝20
20＋20＝40

答え　40cm²

答えはあっていますが、点Eを辺ADの真ん中だと勝手に決めつけてしまいました

(3)　9×7＝63
2×7＝14 ------------------- [ア]
2×9＝18 ------------------- [イ]
63−(14＋18)＝31 ----- [ウ]

答え　31cm²

[ア]の面積

[イ]の面積

[ア]と[イ]で重なる面積があるのに[ウ]で両方ひいてしまいました

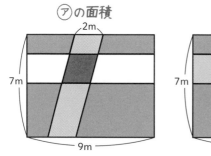

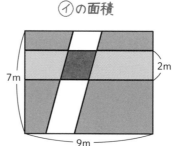

花まるはこう考えて、解決します！

> **ポイント** 公式では計算できないような図形の面積を求める方法は
> 大きくわけて3つあります。
>
> ㋐ 三角形などにわけて計算する
> ㋑ 長方形などからひいて計算する
> ㋒ 面積を変えないように移動させて計算する

（1） ㋐ 三角形にわけて計算する

⬇

────── のように線を入れてと⑭にわける

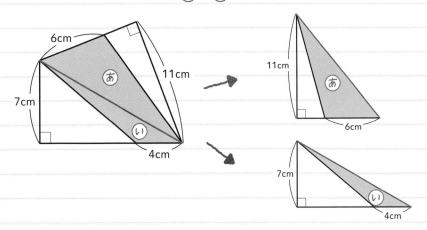

三角形の面積＝底辺×高さ÷2　より

㋐の面積　　6×11÷2＝33

⑭の面積　　4×7÷2＝14

▨の面積＝㋐＋⑭より

33＋14＝47

答え　47cm²

（2）㋑ 長方形からひいて計算する

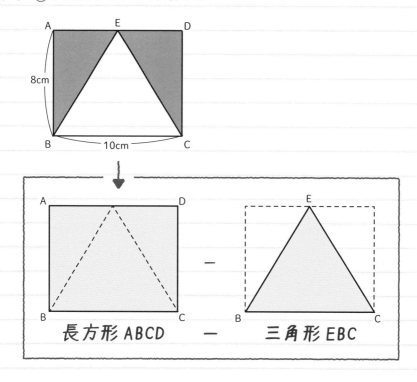

長方形 ABCD の面積…8 × 10 ＝ 80

三角形の面積＝底辺 × 高さ ÷ 2 より
三角形 EBC の面積…10 × 8 ÷ 2 ＝ 40

求める面積＝長方形 ABCD の面積ー三角形 EBC の面積
80 − 40 ＝ 40

答え　40cm²

（3）[ウ] 面積を変えないように移動させて計算する

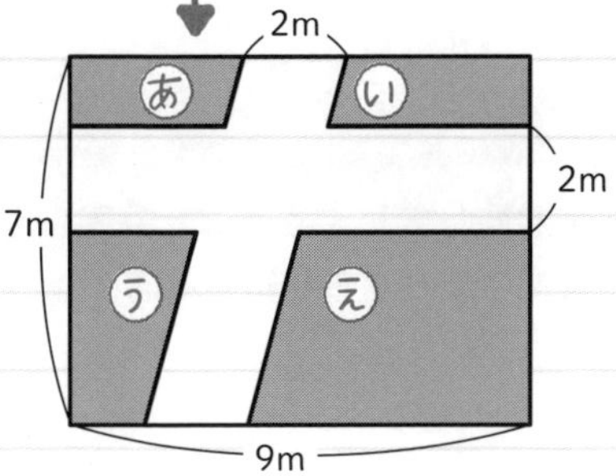

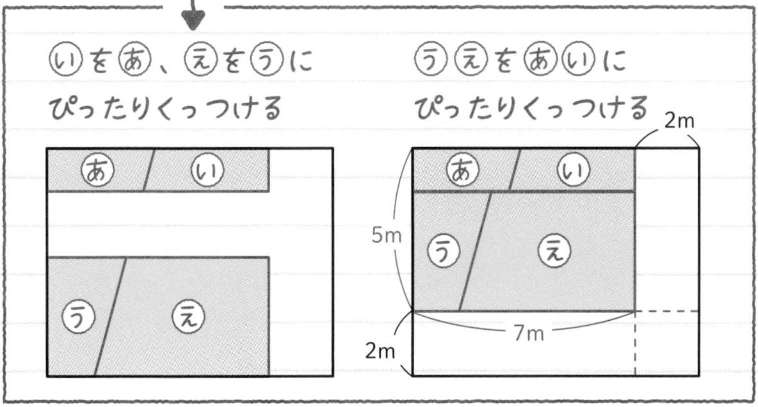

[あ][い][う][え]を合わせた長方形の面積は
道の面積をひいたものになります。

たては　7－2＝5

横は　9－2＝7

5×7＝35

答え　35m²

49 円で
つまずく

5・6年生

円周の長さと円の面積の公式を混同してしまう子は、数字を追いかけているだけになっています。教科書で公式の成り立ちを復習しましょう。

▶問題

円周率は3.14で答えましょう。

（1）次の問題に答えましょう。

　　① 半径が4cmの円の円周の長さ（5年生）

　　② 半径が5cmの円の面積（6年生）

（2）次の半円のまわりの長さを答えましょう。（5年生）

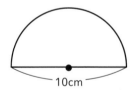

10cm

（3）次の図形のかげの部分の面積を答えましょう。（6年生）

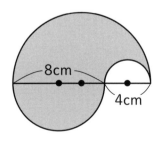

8cm

4cm

✗ ココでつまずく!!

（1）① 4×3.14＝12.56

答え 12.56cm

↳ 半径のまま計算してしまいました

② 5×2×3.14＝31.4

答え 31.4cm²

↳ 円の面積と円周の公式を混同してしまいました

（2） 10×3.14÷2＝15.7

答え 15.7cm

↳ 求めるのは半円のまわりの長さなのに
曲線のところだけ答えてしまいました

（3） 4×4×3.14＝50.24 ……あ
2×2×3.14＝12.56 ……い
50.24－12.56＝37.68

答え 37.68cm²

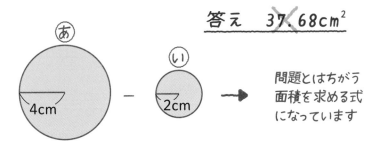

問題とはちがう
面積を求める式
になっています

花まるはこう考えて、解決します！

> **ポイント** 円周の長さと円の面積の公式は次の形で覚えましょう。

> 円周の長さ＝<u>直径</u>×円周率
> 円 の 面 積＝<u>半径×半径</u>×円周率
> ※注意 「円周の長さ＝半径× 2 ×円周率」で覚えると面積の公式
> とまちがえてしまいます。

（1）① 円周の長さ＝<u>直径</u>×円周率なので
  直径＝半径×2
  $4 × 2 = 8$
  $8 × 3.14 = 25.12 \text{cm}$

答え　25.12cm

② 円の面積＝<u>半径×半径</u>×円周率より
  半径＝直径÷2
  $10 ÷ 2 = 5$
  $5 × 5 × 3.14 = 78.5$

答え　78.5cm²

（2）「まわりの長さ」とは図形をかこむすべての線の長さのことです。

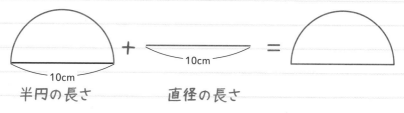

　半円の長さ　　　　　　直径の長さ

$10 × 3.14 ÷ 2 = 15.7$
$15.7 + 10 = 25.7$

答え　25.7cm

（3）図で考えましょう。

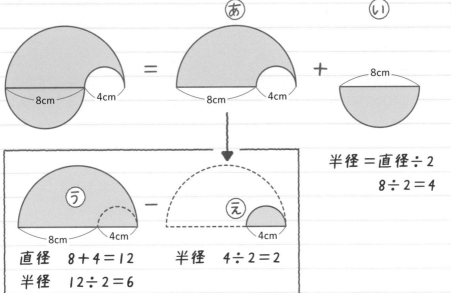

あ ＝ う

い

8cm　4cm ＝ 8cm　4cm ＋ 8cm

半径＝直径÷2

$8 \div 2 = 4$

う 8cm　4cm － え 4cm

直径　$8 + 4 = 12$　　半径　$4 \div 2 = 2$
半径　$12 \div 2 = 6$

あ の面積　＝ う の面積ー え の面積

$6 \times 6 \times 3.14 \div 2 - 2 \times 2 \times 3.14 \div 2$

$= 18 \times 3.14 - 2 \times 3.14$　…○×△－□×△

$= (18 - 2) \times 3.14$　　＝（○－□）×△

$= 16 \times 3.14$　→3.14の計算は最後にします

求める面積　＝ あ の面積＋ い の面積

$16 \times 3.14 + 4 \times 4 \times 3.14 \div 2$

$= 16 \times 3.14 + 8 \times 3.14$　…○×△＋□×△

$= (16 + 8) \times 3.14$　　＝（○＋□）×△

$= 24 \times 3.14$

$= 75.36$

答え　75.36cm^2

50 対称な図形で つまずく

6年生

平行四辺形を線対称な図形と答えてしまう子には、実際に紙を使って折り返してみるなど、自分のイメージとの違いを教えてあげましょう。

▶ 問題（6年生）

（1）次の図形について、線対称な図形、点対称な図形を答えましょう。

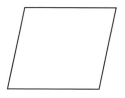

平行四辺形

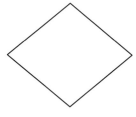

ひし形

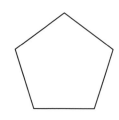

正五角形

（2）次の図形は線対称な図形です。直線ＡＣは対称の軸です。直線ＡＣと直線ＢＤはどのように交わっていますか。

（3）右の図について、点Ｏを対称の中心として点対称な図形を完成させましょう。

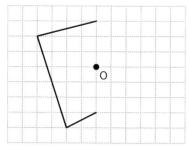

✗ ココでつまずく!!

（1）線対称…平行四辺形、ひし形
　　 点対称…正五角形

　　　↓

　　線対称と点対称の区別ができていません

（2）垂直に交わっている

　　　↓

　　長さの性質を忘れてしまっています

（3）

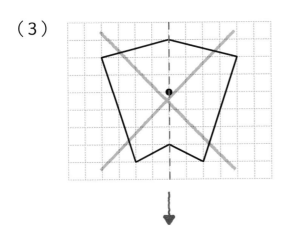

　　　↓

　真ん中の線を折り目とした線対称な図形になってしまいました

> **ポイント** 対称の軸が見つかれば線対称、対称の中心が見つかれば
> 点対称です。
>
> 対称の軸…その線を折り目にしてぴったりと重なる
> 対称の中心…その点を中心にして180°回転させるとぴったりと重なる

（1）

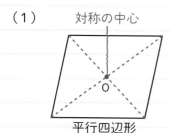
平行四辺形

折り目にして重なる対称の軸がない×

点Oを中心にして180°回転させると重なる◎

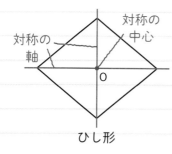
ひし形

折り目にして重なる対称の軸がある◎

点Oを中心にして180°回転させると重なる◎

正五角形

折り目にして重なる対称の軸がある◎

180°回転させて
重なる対称の中心がない×

答え
線対称…ひし形、正五角形
点対称…平行四辺形、ひし形

（2）

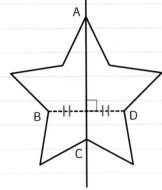

対称の軸で折り返すと対応する点
どうしは重なります

直線 AC で折り返すと
点 B と点 D はぴったり重なります

**答え　直線ＡＣは直線ＢＤと垂直に交わり、
直線ＢＤを２等分する。**

（3）

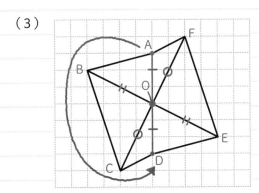

点対称な図形を書くときは、頂点から対称の中心Oを通って
反対側まで同じ長さの線をのばし、対応する点をとります。

上の図では、点Aが点D、点Bが点E、点Cが点F、点Dが点Aに
対応します。

各頂点を結ぶと点対称な図形が完成します。

51 拡大図・縮図で つまずく

6年生

拡大図・縮図の問題では対応する辺を見つけることが重要になります。角度は同じなので対応する頂点を見つけることがポイントです。

▶ 問題（6年生）

（1）三角形ＡＢＣは三角形ＡＤＥの
　　　2倍の拡大図です。
　　　辺ＥＣの長さは何cmですか。

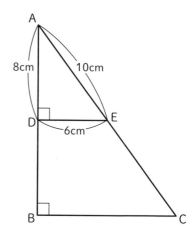

（2）方眼を使って次の図形の $\frac{1}{2}$ の縮図を書きましょう。

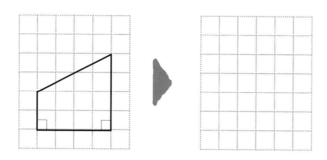

（3）縮尺 $\frac{1}{25000}$ の地図上で6cmの長さは実際には何kmですか。

✗ ココでつまずく!!

（1）

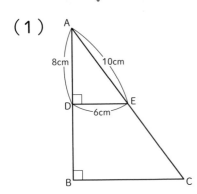

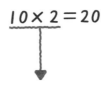

$10 \times 2 = 20$

答え　20cm ✗

辺 EC は辺 AC の一部であることに
気づいていません

（2）

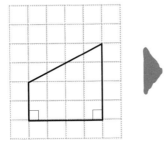
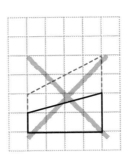

たての辺の長さだけを $\frac{1}{2}$ にして、ほかの辺は
そのままにしてしまいました

（3）　$6 \times 25000 = 150000$

　　　　　$1km = 1000m$ より

　　$150000m = 150km$

答え　150km ✗

6cmを6mとまちがえたため、
mからkmになおした答えも
結局、まちがえてしまいました

花まるはこう考えて、解決します！

> **ポイント** 拡大図、縮図では、すべての辺の長さを同じ
> 割合でのばしたり、縮めたりしています。
> また、角の大きさはもとの図形と同じです。
>
> ㋐ 対応する角や辺をたしかめる
> ㋑ 対応する辺の長さの比をたしかめる
> ㋒ 対応する辺の長さを計算する

（1）三角形 ABC は三角形 ADE の2倍の拡大図

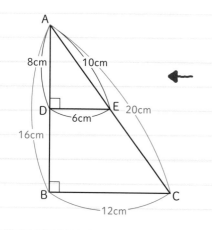

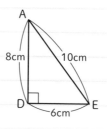

㋐ 辺 AE と辺 AC が対応する
㋑ 辺の長さがすべて2倍になる

㋒ … 辺AC ＝辺AE × 2
$$10 × 2 ＝ 20$$
辺EC ＝辺AC － 辺AE
$$20 － 10 ＝ 10$$

答え 10cm

（2）頂点をそれぞれ A、B、C、D とします。

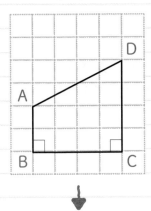

↓

$\dfrac{1}{2}$ の縮図を書くので角度はすべて同じままで

辺をすべて $\dfrac{1}{2}$ にします。つまり、辺はすべて半分の長さになります。

↓

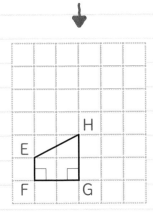

辺 AB × $\dfrac{1}{2}$ ＝ 辺 EF　　辺 BC × $\dfrac{1}{2}$ ＝ 辺 FG

辺 CD × $\dfrac{1}{2}$ ＝ 辺 GH　　辺 DA × $\dfrac{1}{2}$ ＝ 辺 HE

↓

方眼の目盛りを使って半分の長さにする

地図の縮尺を使った計算のやり方を覚えましょう。

㋐ 実際の長さ …地図上の長さ×縮尺の数字
㋑ 地図上の長さ…実際の長さ÷縮尺の数字

※㋐㋑ともに単位を確認しましょう。

㋐ 実際の長さ…地図上の長さ×縮尺の数字より

$$6(cm) \times 25000 = 150000(cm)$$

単位を確認する

$$150000 \div 100 \div 1000 = 1.5$$

mになおす　kmになおす

答え　1.5km

52　見取り図・展開図で つまずく

4・5年生

見取り図や展開図はお手本をマネして書くところから始めましょう。実際に紙に書いた展開図を組み立ててみると重なる頂点や辺がわかります。

▶ 問題

（1）次の図は立方体の見取り図を
途中 まで書いたものです。
続きを書きましょう。（4年生）

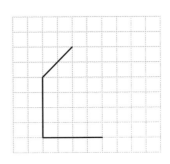

（2）次の図は直方体の展開図です。（4年生）
　　① 面⑤と平行になる面を
　　　 すべて答えましょう。
　　② 辺ケコと重なる辺を
　　　 答えましょう。

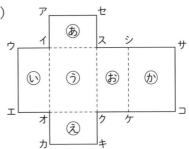

（3）次の図は三角柱の見取り図と
展開図です。
展開図全体の面積は
何 cm²ですか。（5年生）

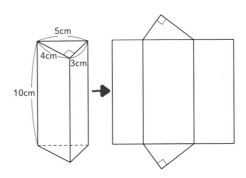

ココでつまずく!!

(1)

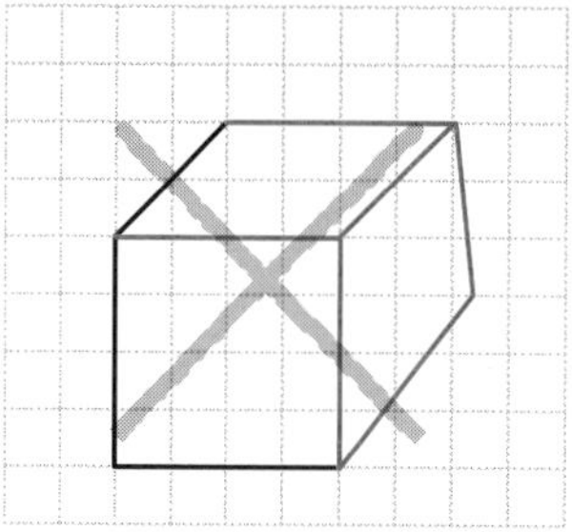

まず見えない線が点線で
書かれていません
また、平行になるはずの辺が
平行に書かれていません

(2) ① 面[い]と面[お]

面[い]と面[お]は面[う]ととなりあっているので垂直です
組みたてたときのイメージができていません

② 辺カキ

重なる辺としては正しいですが、対応する順序がちがいます

(3) $3 \times 4 \div 2 = 6$

$10 \times 3 + 10 \times 4 = 70$

$6 + 70 = 76$

→ 見取り図の見えている面だけを
なんとなく計算してしまいました

答え　$76cm^2$

花まるはこう考えて、解決します！

ポイント 見取り図を書くときの基本は3つあります。

㋐ 見えている辺は実線で書く

㋑ 平行な辺は見取り図でも平行に書く

㋒ 見えていない辺は点線で書く

（1）

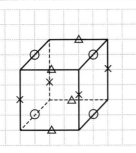

〇のナナメの辺 ╲
×のたての辺 ┣→ それぞれ平行に
△の横の辺 ╱ 同じ長さで書く

ポイント 立方体や直方体の展開図ではとなりあう面は垂直、
一つとばした面は平行と覚えましょう。

（2）① 平行は1つとばした面だから、面③と平行な面は面⑰だけ

答え　面⑰

②

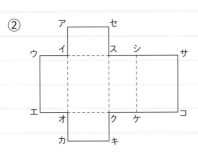

ポイント

重なる辺を見つけたいときは、まず
は重なる頂点を探しましょう。1つ重
なりあう頂点を見つけたらとなりの
頂点が重なるか考えましょう。

頂点ケ→頂点キだから

となりの頂点コ→頂点カ

辺ケコ→辺キカ

答え　辺キカ　　（対応する順序に気をつける）

（3）

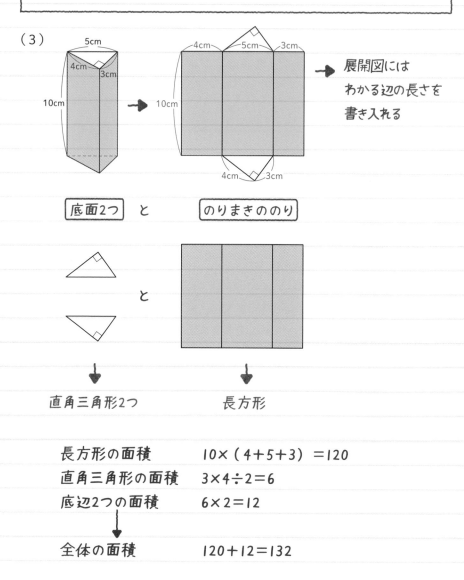

➡ 展開図には
わかる辺の長さを
書き入れる

底面2つ と のりまきののり

と

直角三角形2つ 長方形

長方形の面積	10×（4＋5＋3）＝120
直角三角形の面積	3×4÷2＝6
底辺2つの面積	6×2＝12
全体の面積	120＋12＝132

答え　132cm²

53 立方体・直方体の体積でつまずく

5年生

立方体や直方体を組み合わせた立体の体積は、わけたりひいたりすることで計算できます。いくつかの解き方があるので挑戦させてみましょう。

▶ 問題（5年生）

（1）次のような直方体を組み合わせた立体の体積は何㎤ですか。

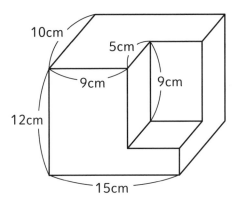

（2）次のような直方体の容器があります。厚さがどこも2cm のとき、
　　　この容器の容積は何 L ですか。

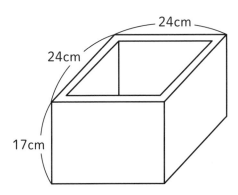

（1）　9 × 10 × 12
　　＝ 1080

　　　5 × 6 × 12
　　＝ 360　……あ

　　　10 × 6 × 3
　　＝ 180　……い

　　　1080 ＋ 360 ＋ 180
　　＝ 1620

答え　1620cm³

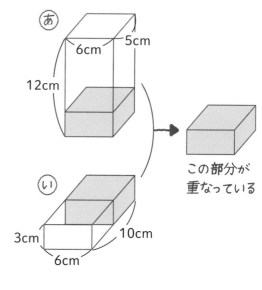

この部分が
重なっている

（2）24 × 24 × 17 ＝ 9792

答え　9792cm³

体積と容積の区別が
ついていません

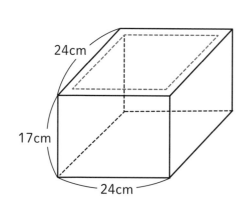

花まるはこう考えて、解決します！

> **ポイント** 公式では計算できないような立体の体積を求める方法は大きくわけて2つあります。
>
> ㋐ いくつかの立体にわけて計算する
>
> ㋑ 大きい立体から小さい立体をひいて計算する
>
> （公式のおさらい）**立方体の体積 ＝ 一辺×一辺×一辺**
>
> **直方体の体積 ＝ たて×横×高さ**

（1）㋑ 大きい立体から小さい立体をひく

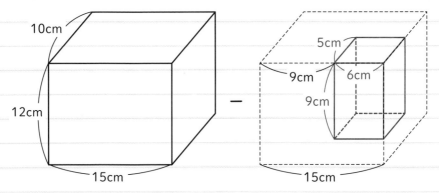

大きい立体の体積　$10 \times 15 \times 12 = 1800$

小さい立体の横の長さ　$15 - 9 = 6$

小さい立体の体積　$5 \times 6 \times 9 = 270$

求める体積　$1800 - 270 = 1530$

答え　$1530 cm^3$

（2）内のり… $24-2-2＝20$

$\qquad\quad 24-2-2＝20$

$\qquad\quad 17-2＝15$

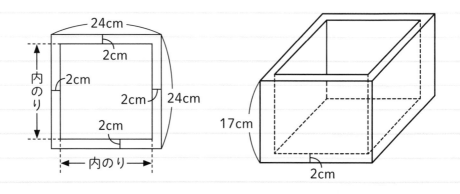

容積… $20×20×15＝6000$ （cm³）

$\qquad 1L＝1000\text{cm}^3$ より

$\qquad 6000\text{cm}^3＝6L$

答え　6L

54 角柱・円柱の体積で つまずく

6年生

底面が必ず下にあると思い込んでいる子がいます。底面が見つかると体積の問題の半分は解けたも同然です。あとは計算力がカギを握ります。

▶ 問題（6年生）

円周率は3.14で計算しましょう。

（1）次の四角柱の体積を答えましょう。

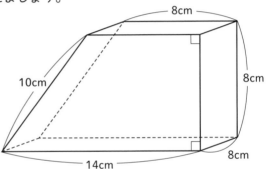

（2）次の図は円柱の展開図です。
　　この円柱の体積を
　　答えましょう。

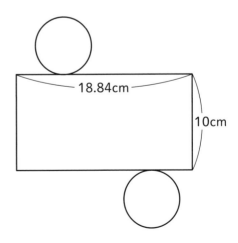

（1）　14×8×8
　　　＝896

答え　896cm³

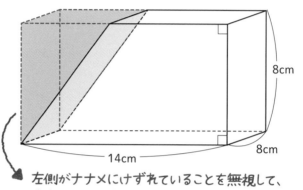

8cm

8cm

14cm

左側がナナメにけずれていることを無視して、
直方体として計算してしまいました

（2）　18.84×10
　　　＝188.4

答え　188.4cm²

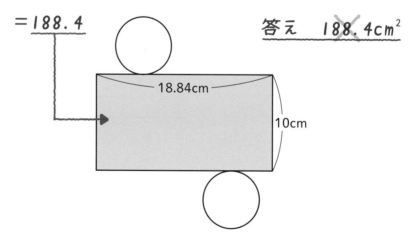

18.84cm

10cm

円柱の体積を求めるのに、▨の面積を求めてしまいました

花まるはこう考えて、解決します！

ポイント 角柱は底面が多角形で、円柱は底面が円です。

角柱の体積　＝底面積×高さ
円柱の体積　＝底面積×高さ
　　　　　　＝半径×半径×円周率×高さ

底面の見つけ方のコツ

[ア] 底面は高さと垂直の関係
[イ] 底面は床についているとは限らない
[ウ] 底面の形は正方形や長方形とは限らない
[エ] 向かいあう2つの底面の形や大きさは同じ

（1）

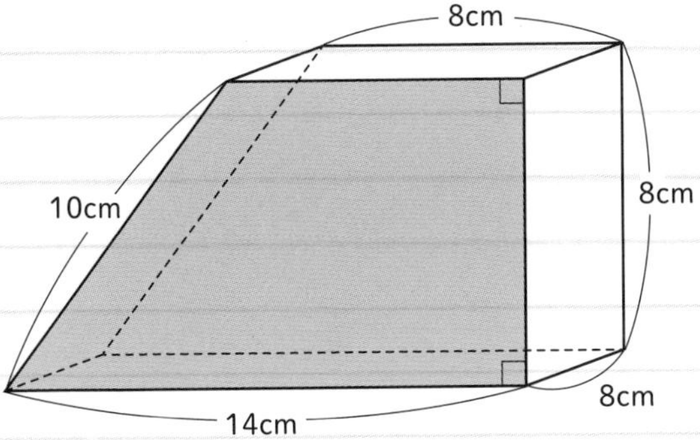

まず、この四角柱の底面は台形
（[エ]があてはまるのは台形だけだから）

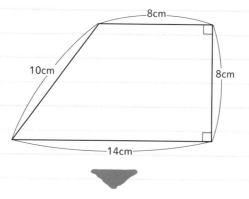

$$底面積（台形の面積）　（8＋14）×8÷2$$
$$＝22×4$$
$$＝88$$
$$角柱の体積　＝底面積×高さ$$
$$88×8＝704$$

答え　704cm³

計算に慣れてきたら、一つの式で解けるようにトライしてみましょう。

（2）

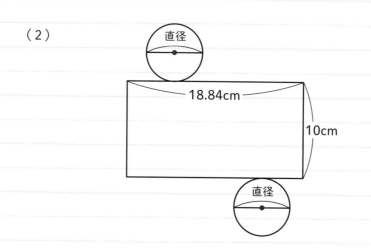

18.84cm は底面の円の円周の長さになる。

円周の長さ＝直径×3.14より
直径×3.14＝18.84
直径＝18.84÷3.14
直径＝6
半径＝直径÷2なので
6÷2＝3

円柱の見取り図をイメージしてみましょう

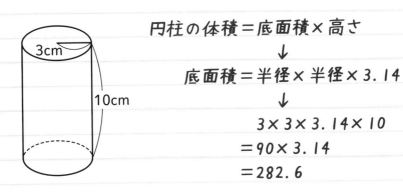

円柱の体積＝底面積×高さ
↓
底面積＝半径×半径×3.14
↓
3×3×3.14×10
＝90×3.14
＝282.6

答え　282.6cm^3

お父さん、お母さんへ伝えたいメッセージ

家庭でできる 算数力アップ法

1. 子どもに教えるときの心得

　親が子どもに勉強を教えるときの大前提は、子どもを主役にして、親は脇役に徹するということです。横にべったりとついて、親が熱心に教えようとすればするほど、子どもは受け身になり、自分で考えようとはしなくなります。ただ聞いているだけで頭に入っていません。説明後に解かせてみてもまったくできないということが起きるのです。「あなた、いま言ったでしょう。なにを聞いていたの？」というやりとりをしたことがある方もいらっしゃると思います。親が勉強をみてあげる際に大切なことは、親が解くことよりも、子ども本人が自分の頭で考えて答えにたどり着けるように導いてあげることです。「これはどうしてそうなるか説明できる？」「これを求めるためには何がわかればいいと思う？」などと問いかけをしながら、一緒に考えるスタンスで臨むのです。慣れないうちは大変ですが、算数が苦手な子に多いのは「とにかく早く答えを出せばいい」と思って、あまり考えずに式や答えを書いてしまうことです。彼らにとっては、正解でもまちがえていても答えを出すことが目的になっているのです。「答えよりもお母さんは考え方のほうがずっと大切だと思うわ」と、はっきりと言葉にして伝えてあげましょう。そして、答えがまちがえ

ていても、一生懸命に考えた結果であれば大げさなくらいにほめてあげてください。

また同様の趣旨から、子どもの解き方が模範解答通りでなくても決して責めないことです。違うやり方であっても考えて出した答えなら大いに価値がありますし、素晴らしいことではないでしょうか。もしそういう別な考え方が認められないとわかれば、正しい解き方が見つからない限り、考えることをやめてしまうようになるかもしれません。一見回りくどいやり方でも、子ども自身が考えたものであれば、ぜひその努力を認めてあげてください。特に算数に自信を失っている子どもにとっては、親の前向きな言葉こそが励みになります。

2. 親子で楽しく勉強する

こうして考えると、「私にはちょっと教えるのは無理かもしれない」と感じられた方もいらっしゃるかもしれません。そういう場合は、まずは一緒に楽しく取り組める教材を使ってやってみてください。

たとえばパズルを使った数遊びです。「勉強するわよ」という雰囲気ではなく、「ちょっとクイズでもやってみない」というノリでやることがコツです。勉強を勉強っぽく見せないことが大切なのです。

代表的なパズルとしては虫食い算があります。計算力だけでなく数の特性や論理力を育む素晴らしい教材です。学校の教科書にも虫食い算は登場します。例として、2・3年生向けの問題を挙げておきます。

```
①    1□        ②   □□        ③    1 2        ④    1 2
    +□4            +  4            ×  □            ×  □
    ────           ────           ────          ─────
     6 7           □□3           □ 0           □□□
```

自分で問題を作るときは、まず式を作ってからどこを□にするのかを考えます。ネットや本などにも出ていますので、それらを参考にしてもいいでしょう。ただ注意したい点は問題を難しくしないことです。

簡単すぎるくらいがちょうどいいと思ってください。たとえば②や④は算数が得意な子向けです。慣れないうちは①や③でも難しいと感じるかもしれません。最初が肝心ですから苦手な子には、5＋□＝9くらいのやさしいものから始めてください。

　少し慣れてきたら、子どもに問題を作らせるという方法もあります。元来子どもは競争好きで親にも負けたくありません。そして教えたがりです。ですから、親から問題ばかりを出すのではなく、子どもが作った問題に親が挑戦するという設定もいいと思います。私も経験がありますが、最初はどうやっても解けないような問題を作ってくることがあります。

　たとえば、次のような問題です。

　子どもはこうした問題を作って大人ができないことを喜ぶのです。しかし、これもご愛敬です。文句を言わずに素直に「参りました！」と白旗を上げ、「もっとやさしい問題にしてくれる？」とお願いしましょう。どんなときでも楽しい雰囲気で取り組むことが大切です。

　なお、数字使ったパズルの本としておすすめなのが、1年生〜3年生向けの『考える力がどんどん伸びる！算数脳パズル』（永岡書店）、4年生〜6年生向けの『考える力がつく算数脳パズル 整数なぞペー』（草思社）です。計算力と論理力を同時に伸ばす良書です。

3. 算数力は日常生活の中で伸ばす

　机上の学習以外でも算数の力を伸ばす方法はたくさんあります。低学年まではお手伝いなどを通じて、ペーパーだけでは学べない数や量に対するボリューム感を身につけておくと、その後の学習に役立ちます。

(1) 料理で算数力アップ

料理が算数の学習につながることはみなさんもどこかで聞いたことがあると思いますが、毎日仕事や家事で忙しいお母さんにとっては、子どもと一緒に料理をする時間など、なかなかつくれないかもしれません。しかし改めて以下に挙げるように、料理は算数の学習に役立つことばかりです。週に1日でもいいので、ぜひその機会をつくってあげてほしいと思います。

①数えあげ／お皿の数、クッキーの数などを声を出して数えあげることで、実物と数字を1対1に結びつける数え方の基本を学べます。

②単位（かさ、重さ、長さ、時間）／計量カップ(mL)、肉の重さ(g)、野菜の長さ（cm）など実際の単位の感覚を身につけることができます。また、ストップウオッチを使った時間管理でも秒や分のしくみを学ぶことができます。

③わり算、分数、比／全体の量から1人分の数や重さ、量を考えることで「わける」というわり算の基本概念を学べます。また、ピザやお好み焼きを等分する作業から分数のしくみを知ることができます。ほかにも「みりんと酢を1対3で混ぜる」など比の学習もできます。

④図形／ソーセージ、ゆで卵、チーズ、お豆腐などを包丁で切ることで、円や球、立方体や直方体の特徴を体感できます。また、のり巻きに使うのりから円柱の側面積が長方形であることを知ったり、長方形のサンドイッチを半分に切って三角形にすることで、面積の公式のしくみをたしかめたりすることができます。

⑤処理力／複数の作業を同時にまたは連続して行わなければならない料理は、小数計算の小数点の移動や分数計算の約分など、処理が連続する計算に必要な段取り力を身につけることにつながります。

(2) お買い物で算数力アップ

お買い物にも算数の学習に役立つ教材がたくさんあります。特につまずきやすい「単位あたりの大きさ」や「割合」の学習につながる場面

も多いので、ぜひ子どもと一緒にお買い物に行くことをおすすめします。また、ある程度の学年になったらお使いもいい経験になります。学習面だけでなく社会性を身につけるきっかけにもなります。

①計算力、暗算力、がい数／「1ふくろ150円の野菜は3ふくろでいくら？」など、その場でかけ算やたし算の暗算の練習ができます。また、「だいだい全部でいくらになるか」という見積もりをさせることで、がい数の学習にもつながります。おつりの計算はひき算の練習になりますが、最近はクレジットカードや電子マネーの支払いが多くなっているため、お金の計算をする機会も減っているようです。

②単位あたりの大きさ／1本あたり、1個あたりの値段を比べることで、単位あたりの大きさを意識することができるようになります。

　例：子どもにスーパーのチラシを何枚か渡して、「一番安いニンジンのお店を探しておいて」と頼むと、子どもはがんばって計算します。

③割合／〇割引、〇％引きなどから歩合や百分率を身近に感じられるようになります。多くの子がつまずく「もとにする量、比べられる量」の関係を実感できる貴重な機会です。

④整理のしかた／家計簿やおこづかい帳をつけることで、表にまとめる力や計算力が身につきます。

4. 計算力がすべての土台になる

　算数が嫌い、苦手という子の大半は計算力が足りないことが原因です。それも3年生までに習う計算が完璧ではないことが多いのです。

　3年生までに、たし算・ひき算・かけ算の大方の計算は学び終えます。わり算の筆算は4年生で学習しますが、基本的にわり算が苦手な子はかけ算の計算力が十分ではありません。なぜならわり算の計算には必ずかけ算を使うからです。また、高学年で学習する小数や分数の計算についても、整数の四則計算に不安があると、小数点の移動や約分、通

分といったほかの手順まで気が回らずにミスをしてしまいます。

　つまり、「3年生までの計算力が盤石であること」がどの場面においてもとても重要であると言えるのです。

　計算でつまずいている子の原因は、練習量が不足していることがほとんどですが、それについて気をつけておきたいことがあります。それは計算練習のやり方です。

　言うまでもなく計算は基礎のトレーニングですから、毎日やることが大切です。塾でも1週間分の計算の宿題を出すと、1日で終わらせてしまう子がいるのですが、それではあまり意味がありません。そういう子どもがいるクラスでは、「歯磨きを毎日している人？」と聞きます。ほとんどの子どもが手を挙げます。「1週間分をまとめて1日で磨いている人？」と聞くと笑いが起きます。私が「なんで笑うの？」と聞くと「先生、それって意味ないと思います」と誰かが答えます。「そうだよね。毎日やらないと意味ないよね。実は計算練習も同じです。毎日やらないと意味がありません」と伝えるのです。具体的な理由は言わないのですが、なんとなく子どもは納得して、毎日やってくるようになります。

　計算は決まった時間内で正確に適度なスピードでやらないと必要な計算力はつかないのです。1日に1週間分をやる子は、とにかく終わらせることが目的となっています。長くやっているとだんだん集中力が切れてダラダラやってしまう可能性があります。それでは本当の意味での計算力はつかないのです。家では計算の時間を同じ時間に決めて、まさに歯磨きをするように毎日コツコツやるようにしましょう。学習も生活の一部です。そう考えれば、学習習慣も生活習慣と同じように身につけることができるのです。

　また、計算ミスで悩まれている方もいると思います。計算ミスの原因もほとんどが計算力不足なのですが、不注意なミスいわゆるケアレスミスについては、その他に原因があることがあります。たとえば、学習姿勢がよくない、片づけができないなど、日常生活の改善が必要な場合もあります。机上が散らかっている状態では、テキストもノー

トもまっすぐに置けません。体がノートに正対できていなければ、曲がった字になってしまいます。そうしたことが原因で位をまちがえたり、読みまちがいをしたりしてミスにつながることがあるのです。

椅子の座り方、鉛筆の持ち方などは、食事のときの姿勢や箸の持ち方と共通する部分がありますから、しっかりとその場で正してあげてください。

5. 嫌いを好きにする暗算力アップのための問題

学校の宿題として出る計算ドリルをみんなと同じようにやっているのに、いつのまにか計算力に差が出てしまうのはどうしてでしょうか。それは「暗算力」の差にあります。暗算が得意な子は筆算する必要のないところは暗算を使い、筆算をしなくてはいけない計算はしっかりと筆算します。

しかし、暗算が苦手な子は、すべてを筆算に頼らなくてはいけないので、計算に時間がかかってしまい、いろいろなところで後手に回ってしまうのです。

計算が得意な子ほど暗算力は自然に身についていくのですが、そうでない場合は、意図的に暗算力を上げてあげないと、ずっとこの先も計算で苦労することになります。

具体的に暗算力を上げるためにすることは単純なことです。以下のような決まった問題をひたすら頭の中で練習するだけです。たったこれだけのことですが、スラスラとまちがいなくできるようになれば、計算においてつまずくことはほとんどなくなるはずです。カードに書いてゲームのように楽しんだり、親子でクイズを出し合ったり、使い方はいろいろあります。これらの逆算バージョンを作ってやるとさらに計算力が上がります。ぜひくり返し取り組んでみてください。

①たして10になる数（1年生以上）／10をかたまりにして考えたり分
　けたりする、言うまでもなくたし算・ひき算の基礎の基礎となる
　ものです。

1＋9　2＋8　3＋7　4＋6　5＋5　6＋4　7＋3　8＋2　9＋1

②くり上がり・くり下がり（1年生以上）／暗記ではなく、2つの数
　に瞬時に分けて計算する反射神経を身につけます。たして10以外
　のすべてのくり上がり、すべてのくり下がりの練習ができます。

9＋2　9＋3　9＋4　9＋5　9＋6　9＋7　9＋8　9＋9
8＋3　8＋4　8＋5　8＋6　8＋7　8＋8　8＋9
7＋4　7＋5　7＋6　7＋7　7＋8　7＋9
6＋5　6＋6　6＋7　6＋8　6＋9
5＋6　5＋7　5＋8　5＋9
4＋7　4＋8　4＋9
3＋8　3＋9
2＋9

11－2　11－3　11－4　11－5　11－6　11－7　11－8　11－9
12－3　12－4　12－5　12－6　12－7　12－8　12－9
13－4　13－5　13－6　13－7　13－8　13－9
14－5　14－6　14－7　14－8　14－9
15－6　15－7　15－8　15－9
16－7　16－8　16－9
17－8　17－9
18－9

③九九表（2年生以上）／紙面の関係で内容は省略しますが、これも
　言うまでもなくかけ算・わり算の基礎の基礎です。5年生以上の倍
　数・約数、約分や比でも、九九をどれだけ素早く引き出せるかが
　問われます。下がり九九（9×9、9×8と戻る九九）・バラバラ

九九（ランダムに言う九九）や「24になる九九をすべて言いましょう」などいろいろな形で練習をしましょう。

④2ケタ×1ケタ（3年生以上）／頭の中で瞬時に計算できるようになると、わり算の商だてなどが得意になります。ぜひ逆算にも挑戦してください。以下の問題は、同じような計算にならないように工夫してある、おすすめの81題です。これで3ケタ÷2ケタなどの筆算もばっちりです。

11×1	12×2	13×3	14×4	15×5	16×6	17×7	18×8	19×9
21×3	22×4	23×5	24×6	25×7	26×8	27×9	28×1	29×2
31×6	32×7	33×8	34×9	35×1	36×2	37×3	38×4	39×5
41×7	42×8	43×9	44×1	45×2	46×3	47×4	48×5	49×6
51×9	52×1	53×2	54×3	55×4	56×5	57×6	58×7	59×8
61×4	62×5	63×6	64×7	65×8	66×9	67×1	68×2	69×3
71×5	72×6	73×7	74×8	75×9	76×1	77×2	78×3	79×4
81×8	82×9	83×1	84×2	85×3	86×4	87×5	88×6	89×7
91×2	92×3	93×4	94×5	95×6	96×7	97×8	98×9	99×1

6. 豊富な体験が文章題、図形の力を伸ばす

　計算はできるけど文章題になると途端にできなくなる子がいます。そういう子どもたちに多いのは、問題文を具体的なイメージに落とし込めないことです。「なんでもいいから絵や図を書いてごらん」と言っても書けないのです。語彙力が足りずに文意が読み取れない場合も含めて、こういう子どもたちに共通するのは経験総量の不足です。

　次の問題で説明します。

> 4メートルの丸太の木があります。80cmずつに切りたいと思います。のこぎりで1回切るのに3分かかり、そのあと休けいを1分とります。全部を切り終わるまでに何分かかりますか。

　この問題を解くうえで大切なのは、切る回数と休けいの回数です。「1回切ると2本になることをイメージできているか。最後は休けいがないことに気づいているか」がポイントです。

4m＝400cm　　　400÷80＝5　　　5−1＝4（回）…切る回数

4回で切り終わるので、休けいは3回ですみますから、

全部で、3×4＋1×3＝15　　　　　　　　　　答え　　15分

　生活体験の豊富な子はこうした問題をみると、丸太を切っている状況が頭の中に浮かび上がってくるのです。ときどき苦手だった算数や数学が大人になってからおもしろくなったという人がいますが、それは日常生活や仕事を通して経験総量が上がり、問題をイメージする力も上がったからなのです。

　こうして考えると、子ども時代の多様な経験は学習面においてもとても重要なものだと言えます。たとえばキャンプなどの野外体験は、日常とは違う不自由な環境の中で、頭を使って工夫する場面がたくさんあります。縛るひもがなかったら丈夫なつるで代用するとか、大きな石を動かすには「てこの原理」を使うとか、創意工夫の中でしか伸ばせない考える力を育むことができるのです。

　外遊びは空間認識力を高めます。空間認識力とは、目で見たものを立体としてとらえる力です。これは家の中よりも圧倒的に外に機会があることは言うまでもありません。たとえば、かくれんぼでは相手から見えない角度を必死に考えますし、昆虫を捕まえようと思えば、飛んでいく方向を予測しながらじっと待ちかまえます。彼らは遊びに熱中することで、五感をフルに使って想像力を働かせ、空間でとらえる力を身につけていくのです。これが立体の裏側を想像する力や補助線を思い浮かべる力につながります。

【著】

松島伸浩 （まつしま・のぶひろ）

スクールFC代表兼花まるグループ常務取締役。1963年生まれ、群馬県みどり市出身。

大手進学塾で経営幹部として活躍後、36歳で自塾を立ち上げ、個人・組織の両面から、「社会に出てから必要とされる『生きる力』を受験学習をとおして鍛える方法はないか」を模索する。その後、花まる学習会創立時からの旧知であった高濱正伸と再会し、花まるグループに入社。教務部長、事業部長を経て現職。のべ10,000件以上の受験相談や教育相談の実績は、保護者からの絶大な支持を得ている。公立小中学校の家庭教育学級や子育て講演会、教育講演会は抽選になるほどの人気。現在も花まる学習会やスクールFCの現場で指導にあたっている。

主な著書に

『中学受験　親のかかわり方大全』（実務教育出版）

『中学受験　算数［文章題］の合格点が面白いほどとれる本』（KADOKAWA）

などがある。

【監修】

高濱正伸 （たかはま・まさのぶ）

花まる学習会代表。1959年熊本県人吉市生まれ。東京大学卒、同大学院修士課程修了。NPO法人子育て応援隊むぎぐみ理事長、算数オリンピック委員会作問委員、日本棋院理事。

学生時代から予備校等で受験生を指導するなかで、学力の伸び悩み・人間関係での挫折と引きこもり傾向などの諸問題が、幼児期の環境と体験に基づいていると確信し、1993年、幼児〜小学生を対象とした学習塾「花まる学習会」を設立。「メシが食える大人に育てる」という理念のもと、思考力、作文・読書、野外体験を主軸にすえ、現在も現場に立ち続ける。2020年から無人島プロジェクトを開始。

保護者や子ども、教員向けの講演を年間約130回開催し、これまでにのべ20万人以上が参加している。『伸び続ける子が育つお母さんの習慣』『算数脳パズルなぞぺ〜』シリーズ、『メシが食える大人になる！よのなかルールブック』など、著書多数。

構成	木之下 潤

ブックデザイン	二ノ宮 匡（ニクスインク）
イラスト	大野文彰（大野デザイン事務所）
本文デザイン協力	松浦竜矢、貞末浩子、小林哲也、株式会社コイグラフィー
編集	滝川 昂（株式会社カンゼン）
編集協力	加藤健一、松山史恵

算数嫌いな子が好きになる本　増補改訂版
小学校6年分のつまずきと教え方がわかる

発 行 日　2023年4月12日　初版

著　　　者	松島 伸浩
監　　　修	高濱 正伸
発 行 人	坪井 義哉
発 行 所	株式会社カンゼン
	〒101-0021
	東京都千代田区外神田2-7-1 開花ビル
	TEL 03（5295）7723
	FAX 03（5295）7725
	https://www.kanzen.jp/
	郵便為替 00150-7-130339
印刷・製本	株式会社シナノ

ご意見、ご感想に関しましては、kanso@kanzen.jp までEメールにてお寄せ下さい。お待ちしております。

松島伸浩著、高濱正伸 監修　1700円＋（税）

小学校6年間分の計算がスッキリわかる本

速く、正確に解けてミスも減る！

「計算力こそ、算数の土台」
親から絶大な支持を得るカリスマ私塾
「花まる学習会」が教える、計算力アップ法！

計算ミスはなぜ起きるのか
ミスなく、すばやく正確に解くための工夫とは

知っておきたい計算知識・計算技術とは
家庭でできる計算力アップ法とは

小学生でつまずかないために、
解き方のルールやポイントを丁寧に解説

新学習指導要領にも対応！
この1冊で、計算を完全にマスター！